ARCHITECTURAL
STYLES A VISUAL GUIDE

后浪出版公司

建　筑　风　格

[美]玛格丽特·弗莱彻 著

[英]罗比·波利 绘　王心玥 译

MARGARET FLETCHER

ILLUSTRATIONS BY ROBBIE POLLEY

湖南美术出版社

全 国 百 佳 图 书 出 版 单 位

长沙

目　录

圣利奥波德教堂，维也纳，奥地利

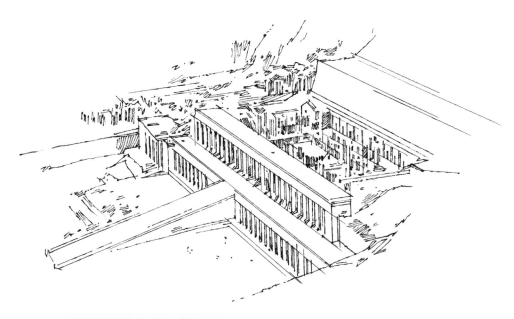

哈特谢普苏特祭庙，代尔巴赫里，埃及

前　言

　　建筑会说话。现存的历史建筑使我们能够在祖先构筑的环境中追思过往、获得启发，一瞥他们的世界，同时它也将我们与个人、集体的历史直接联系起来。学习建筑的历史使我们能够回到过去，更好地了解曾经的文化和文明，以及先辈生活的重心：是宗教，是自我表达，还是文化发展？是住在城市还是乡村？是追求财富还是家庭幸福？建筑的存在使我们能站在恺撒大帝、克利奥帕特拉、莎士比亚或无数平凡人物的脚印上，遐想那个遥远的世界。

　　通过了解每个时期的建筑，我们不仅能建立对过去的基本认识，也能更好地理解一个时期对后一个时期的影响。这种影响是进步，是反抗，还是对前一个时期的彻底否定？有了基本的了解，我们就能追寻建筑变革的踪迹，看到建筑如何在时间长河中演变，看到文化如何跨越大陆传播知识、交流融汇。建筑和文化是共生共存的：建筑影响着文化与社会，同时文化与社会也在影响着建筑。建筑作为人造物质遗产塑造了人类体验，并将继续塑造未来。

圣康斯坦察教堂，罗马，意大利

本书根据多种因素——历史时期、所在地区、美学意义、文化和社会影响——按风格对建筑进行梳理。界定建筑风格和建筑历史需要建立在大量的思考之上，但建筑风格的概念本身是相对新近的事物。纵观几千年来的建筑，我们会发现大量的风格和演变的重叠。事实上，我们能够按照建筑风格的方式对建筑进行分类，本身也揭示了人类文明进程中有趣的倾向。值得注意的是，建筑风格的划分是思考的过程，因此在讨论当代建筑的发展时存在很大难度；这种划分更多关注于当代建筑的外观，而非已确立的建筑风格，因为当下我们尚不具备充足的思考时间。

甘布尔住宅，帕萨迪纳，加利福尼亚州，美国

当代建筑发展十分迅速，当代建筑师也并不热衷于被定义。他们遵循一套能同时满足建筑学界和客户的标准，他们的作品往往兼具多个类别的特征，能按不同的方式分类。本书试图辨别当代建筑作品中最突出的特征，以增进对当下建筑实践的了解。但由于风格是一个思考的过程，而不是建筑师的设计目标，所以书中所述特征仍处于发展变化的过程中。在任何历史时期，大众、文化和建筑师都会对当下形势做出回应，这些因素与其所处的时代息息相关。

本书将通过手绘插图，以图片叙述的方式带领您走进建筑的历史。插画师罗比·波利（Robbie Polley）为本书绘制了一系列精美的建筑插画，每一张都笔触精准、凸显风格特征。它们不同于摄影作品，为示例建筑的呈现增添了一丝温暖和亲切。人类是视觉动物，会对看到的事物产生更深的印象和更好的理解。因此，这些插画的主要功能便是帮读者捕捉到同一风格或时期内不同建筑之间的关联，以及不同风格或时期之间的区别。每个历史时期的讨论中都使用插画示例，以帮助读者理解其中的建筑视觉元素及特征，并开始学习和辨别日常生活中的建筑的风格本质。另外，或许这些插画也能使读者在探索中发掘自己的绘画热情！

　　书中的文字描述力求直白、明晰且简洁地提供每个示例的信息。除开某些特例，本书希望呈现出充足的内容，从历史时期和风格的角度解说每个示例，并通过视觉和文字描述系统地展现建筑风格和设计理念的历史。

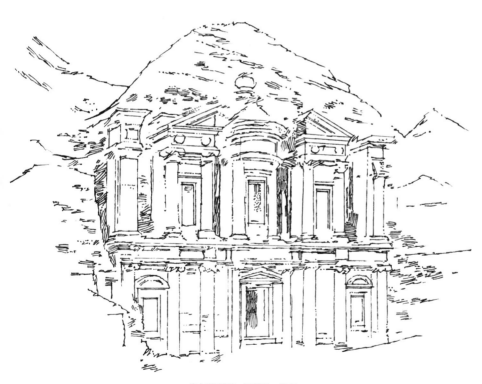

代尔修道院，佩特拉，约旦

大河内山庄，京都，日本

　　本书分为五个部分，其中四个部分关注按照历史时期划分的建筑风格：古代和古典时期、中世纪和文艺复兴时期、巴洛克到新艺术运动时期和现当代。每个部分又进一步细分为数个设计风格，并概述了每种风格的重要特征。第五部分关注所有建筑风格都会涉及的元素——穹顶、立柱、塔楼、拱券和拱廊、入口和门道、窗户、山花和山墙、屋顶、拱顶、楼梯——每个元素都配以大量来自不同时期和风格的示例插图。

本书是为建筑爱好者、历史爱好者、游客、学生和所有对建筑及其环境感到好奇的人而著的。我希望这本书能让您跨越时空，认识建筑特征，将看到的建筑归类，了解时代和风格之间的关系，学习建筑元素的发展，体验不同文化和地区，以及思考我们所有人与所居住的建筑之间的深刻关系。

帝国大厦，纽约市，
纽约州，美国

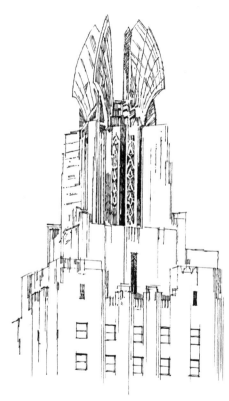

时代广场大厦，罗切斯特，
纽约州，美国

THE BUILDINGS

建筑

1

古代和古典建筑

古代中东

约公元前 5300—公元 650 年

泥砖是古代中东地区最主要的建筑材料。它们通常由泥、沙、黏土、水以及黏合剂（如稻草）组成，最后经过风干或在窑中烧制以增强其耐久性。砖瓦施釉技术的出现进一步提高了这些土坯砖的耐久性，同时增添了丰富的装饰效果。这一时期的民居没有留存下来，现存的遗迹多是象征权力和宗教的宫殿庙宇。雕刻师在表现动物争斗和猛兽方面技艺高超，无疑是为了彰显君主威仪，砖面的浮雕也因此成为重要的建筑装饰元素。

主要特征：

- 泥砖
- 釉面砖
- 浮雕
- 动物和人物主题的雕塑
- 承重结构
- 塔庙

塔克基思拉宫泰西封拱门，泰西封，伊拉克，3—6 世纪

泰西封拱门曾是塔克基思拉宫的一部分，是全世界现存最大的砖造悬链拱结构。拱门在建设时未使用拱架和对中装置，而将砖逐层侧砌，直到它们在顶部会合。

**伊什塔尔城门，巴比伦，伊拉克，
公元前 575 年**

伊什塔尔城门是通往巴比伦城的主城门，以巴比伦女神伊什塔尔命名。它是一条长超 800 米、两侧有 15 米高墙的仪仗大道的一部分。伊什塔尔城门为砖结构，大部分砖面施以蓝釉。

**乌尔塔庙，穆卡亚，伊拉克，
公元前 21 世纪**

乌尔塔庙朝向真北，有三层平台，从下至上逐级变小，三道巨型阶梯通往位于第一层平台的大门。塔庙由大块的泥砖建成，三层平台层层垒砌。塔庙顶部的神庙现已不存，但尚存的台基部分仍使我们得以窥见当时的构造和工程技术。

沼泽芦棚小屋，伊拉克，建筑结构出现于约公元前 3300 年

这类用于社群聚会的芦棚小屋是沼泽阿拉伯人的传统建筑，用伊拉克南部沼泽地带常见的芦苇搭建。沼泽阿拉伯人将芦苇捆扎成拱形，数捆排列构成主结构，横向的芦苇捆则用于连接外部的芦苇覆盖层。

波斯帝陵，法尔斯省，伊朗，
公元前 6 世纪—公元前 4 世纪

这处古老的墓葬群建于阿契美尼德王朝，包含四座凿刻在岩壁高处的陵墓，通过铭文只能辨认出其中一座是大流士一世墓。

大流士一世墓，波斯帝陵，伊朗，公元前 485 年

这是波斯帝陵中四座阿契美尼德王朝墓中的一座。大流士一世的陵墓开凿在一处陡峭岩壁上，呈十字形，中间有一个开口通往放置棺椁的墓穴内部。

波斯式柱，波斯波利斯，伊朗，公元前 550—公元前 330 年

波斯波利斯是阿契美尼德王朝用于仪式典礼的都城，这个波斯式柱便位于此地。都城内至少有五座宫殿，大部分修建在一片巨大的台基上，图中体现了典型的波斯式柱头，它可能曾矗立于一间宽阔的多柱厅——阿帕达纳宫。

古代埃及

约公元前 3000—公元前 30 年

　　古埃及的建筑几乎都与生、死和对神的崇拜有关。大量神庙和陵墓遗迹表明，古埃及建筑师并不拘泥于单一风格，而是在不同结构的建筑中使用相应的元素，其中最主要的两大建筑系统是承重结构和梁柱结构。承重结构使用规格统一的砖或切割石块，建筑规模巨大、墙体厚重，其斜壁由上至下逐渐变宽以支撑其重量和高度。古埃及的梁柱结构均用石料，垂直于地面的石柱架起水平方向的石梁。石柱由数截雕刻成形的石块垒成，柱头常用抽象风格的纸莎草花或莲花装饰。古埃及纪念性建筑上饰有石雕、圣书体文字和绘画，描绘了表达神、动物、人类和自然力量的元素，以及日常生活场景。

主要特征：

- 建筑形制巨大
- 纪念性建筑
- 泥砖、石灰岩、砂岩、花岗岩
- 梁柱结构
- 承重结构
- 浮雕
- 圣书体文字

左塞尔金字塔，塞加拉，埃及，

公元前 27 世纪，建筑师：伊姆霍特普

左塞尔金字塔是一处大型墓葬群的一部分，这座阶梯状金字塔的外表原本覆有白色的抛光石灰石，是埃及最古老的金字塔式建筑。

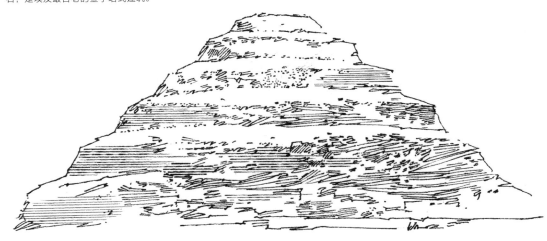

斯尼夫鲁金字塔，代赫舒尔陵墓，埃及，
公元前 2600 年

这座金字塔又名曲折金字塔，因为上下两部分的边棱
倾角不同。据说这座特别的金字塔是一项工程实验，
工程师在施工过程中发现原本的倾角太陡，只好减缓
斜度，从而造就了金字塔曲折的外观。

吉萨金字塔群，开罗，埃及，公元前 2560 年

吉萨大金字塔是塔群的三座金字塔中最大、最古老的
一座。这座金字塔表面原本覆盖着石灰石，有着平整
的白色外观，是为法老胡夫修建的陵墓，目前已知内
部有三个墓室。

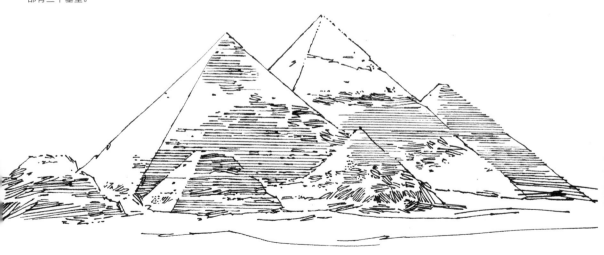

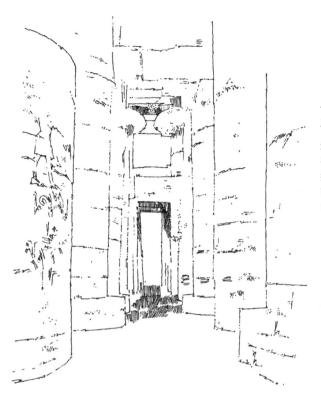

卡纳克神庙群柱厅，卡纳克，埃及，公元前 2000—公元前 330 年

这座规模庞大的柱厅占地约 5000 平方米，其中 134 根石柱分 16 行排列。柱厅左右对称，中央走廊两侧有 10 根较大的柱子，每侧有同等大小的翼厅。

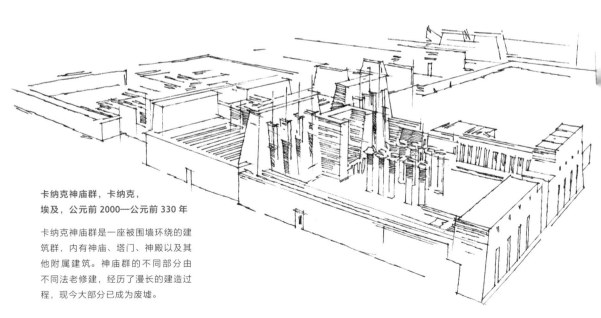

卡纳克神庙群，卡纳克，埃及，公元前 2000—公元前 330 年

卡纳克神庙群是一座被围墙环绕的建筑群，内有神庙、塔门、神殿以及其他附属建筑。神庙群的不同部分由不同法老修建，经历了漫长的建造过程，现今大部分已成为废墟。

阿布辛贝神庙，阿布辛贝，埃及，
公元前 13 世纪

阿布辛贝的两座神庙在尼罗河岸边的砂岩崖壁上凿岩而建。图中展示了拉美西斯二世修建的小神庙（哈索尔神庙）的入口。塔门样式的立面上雕刻着六尊立像，分别是拉美西斯二世、奈菲尔塔利和他们的孩子们。

图拉真凉亭，菲莱，埃及，公元前 7 世纪

图拉真凉亭曾是菲莱神庙群的主入口，由于阿斯旺大坝的兴建导致尼罗河水位上升，为避免被淹没，这座建筑与其他菲莱神庙群的重要建筑被迁移至阿吉奇亚岛。凉亭中 14 根石柱的柱头雕有多种植物图案，顶部最初有一木构屋顶。

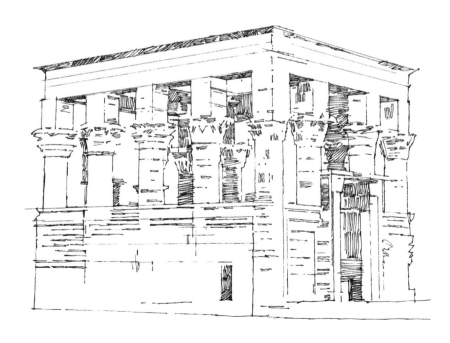

**伊西斯神庙柱廊，菲莱，
埃及，公元前 690 年**

两条宏伟的柱廊彼此平行，构
成通往伊西斯神庙的塔门入口
的通道，柱廊中所有柱头均以
植物图案装饰，且无一重复。

**玛米西庙石柱，伊西斯神庙，菲莱，埃及，
公元前 7 世纪**

玛米西庙也称诞生房，是一种附属于大型神庙的小型
建筑。每年，这类庙宇都会用于举行仪式，庆祝所供
奉的神灵之子的降生。图中的石柱柱头表现了植物图
案顶部的兽首。

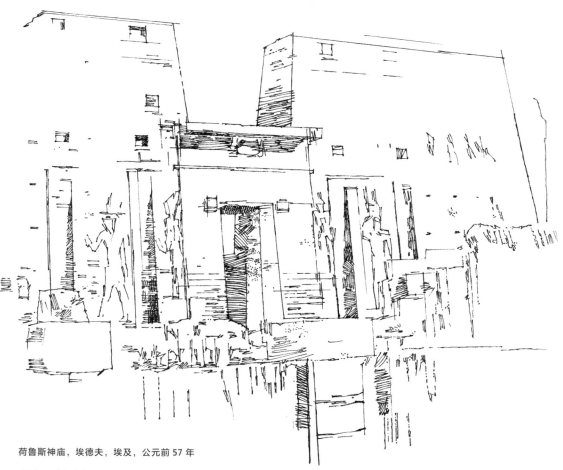

荷鲁斯神庙，埃德夫，埃及，公元前 57 年

直到 19 世纪中期，这座掩埋在沙土下近两千年的神庙才开始被发掘。图示的第一道塔门及主入口是庞大的承重结构，塔门底部的厚度远超过顶部的，否则将无法支撑塔门整体的重量和高度。这样的塔门通常会饰以宣示法老权力和威信的浮雕。

前哥伦布时期

公元前 1500—公元 1532 年

前哥伦布时期的中部美洲以其复杂的文明为特征，这些文明将农业生活方式置于城镇化的社会阶层系统中。这个时代的建筑师以先进的天文学和工程学知识而知名，并参照天文和自然环境特征修建城市。泥砖和石头是主要的建筑材料，其中石头多是当地的火山岩，它们质地柔软，可以进行复杂的雕刻，因此许多建筑都装饰着具有重要文化和宗教意义的图案。中部美洲包括墨西哥南部和中美洲北部，前哥伦布时期的建筑便繁荣于此。遍布金字塔、庙宇、平台、露天广场、球场和祭坛的城市充分彰显了这个时期的宏伟文明。

主要特征：
- 大型建筑
- 泥砖
- 石雕
- 矩形和梯形门窗
- 承重结构
- 城市文明
- 天文学内涵
- 仪式性建筑

碑铭神庙，帕伦克，墨西哥，700 年，玛雅文明

碑铭神庙是巴加尔二世的陵墓，位于中央有一条梯道的八层金字塔之上，得名于神殿内壁上发现的三块象形文字碑。这座纪念性建筑的表面最初覆有灰泥并被涂成红色。

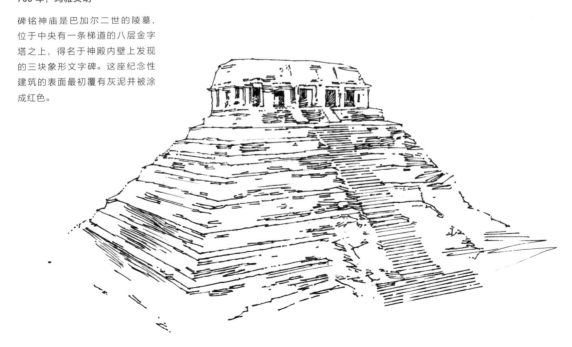

坎波拉石圈，乌尔苏洛·加尔万，韦拉克鲁斯州，墨西哥，900—1168 年，托尔特克文明（与阿兹特克文明同期）

共有三处大小不等的石圈位于这个神庙、宫殿和土丘构成的建筑群内。石圈由海滩上的石头堆叠而成的连续矮柱组成，通常认为其用途是帮助理解天文周期。

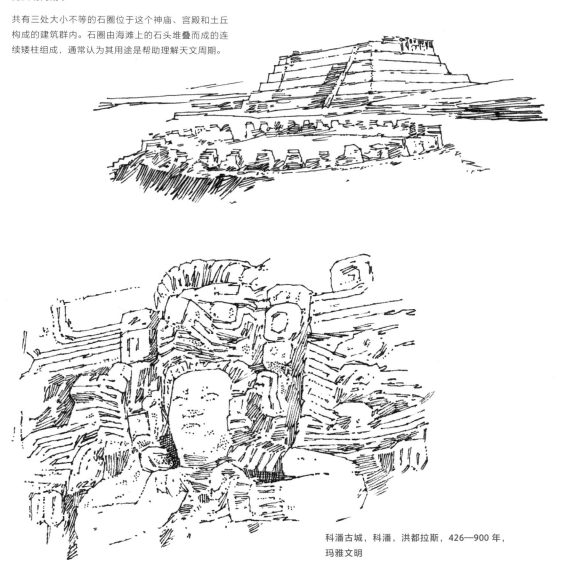

科潘古城，科潘，洪都拉斯，426—900 年，玛雅文明

图示石雕发掘于科潘古城的遗址中。这座古城内包含石质庙宇、两座金字塔、广场、石阶和一个球场，它们均建于台基之上。玛雅艺术中最常见的主题是王权和神灵，这些形象大多雕刻在石灰石或凝灰岩上。

**二号神庙，蒂卡尔，危地马拉，
200—900 年，玛雅文明**

蒂卡尔有大量古代建筑，其中包
含六座大型神庙。二号神庙是加
萨瓦·查那·克阿维尔的王后的
陵墓，庞大的石阶从金字塔底部
通向顶部的神殿，王后的形象被
雕在神殿入口上方的主过梁上。

**卡拉科尔天文台，奇琴伊察，蒂努姆市，尤卡坦州，
墨西哥，约 600—850 年，玛雅文明**

"卡拉科尔"（El Caracol）在西班牙语中意为"蜗牛"，
如此命名是因为天文台的观测塔内有螺旋形楼梯。观
测塔建在高台上，视野清晰，被认为专门朝向在玛雅
文化中具有重要意义的金星。

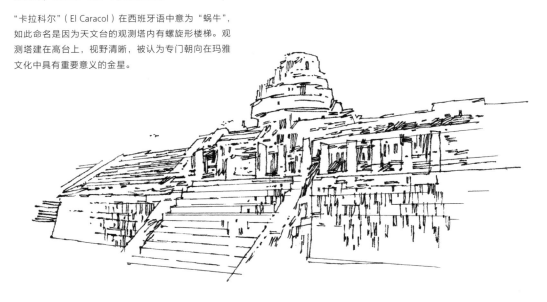

战士神庙，奇琴伊察，蒂努姆市，尤卡坦州，墨西哥，1200 年，玛雅文明

战士神庙是奇琴伊察保存最完好的神庙之一，内有一座大型阶梯金字塔，四周环绕着多排象征着战士的石柱。这些石柱是千柱群的一部分，曾支撑着一个大型木质或茅草屋顶的结构，用于举行宗教或公民活动。

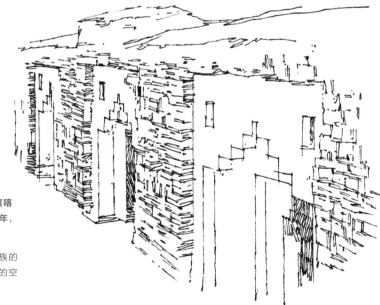

太阳贞女宫，月亮岛，的的喀喀湖，玻利维亚，1000—1500 年，印加文明

太阳贞女宫被认为是出身贵族的印加女子的居所，遗迹一侧的空地可以俯瞰的的喀喀湖。

马丘比丘，近库斯科，秘鲁，1450—1532 年，印加文明

这座印加城市高踞在安第斯山脉中，被认为曾是一处皇族地产，且有约 750 名维护人员居住在此。城市本身和其中重要建筑的选址均考虑了圣山的景色和基本方位。建造这些建筑的石块没有使用砂浆黏结，堆砌得严丝合缝，使其在这个地震频发的地区保持一定的灵活性和稳定性。马丘比丘周围山坡上是人造梯田，人们在那里进行农耕活动。

上图表现了马丘比丘住宅区中的典型房屋，这种建筑结构不使用砂浆，由方石紧密堆砌而成，屋顶以木架为底，上覆有茅草。

**羽蛇神庙，霍奇卡尔科，墨西哥，900 年，
阿兹特克文明**

羽蛇神庙的著名之处在于上面雕刻的八条巨大的头上
有羽毛的蛇，蛇头周围的图案雕刻精美，被认为是
在描绘召集中部美洲历法的主管者"时间之主"的场
景。神庙的基座是斜面–直面构造，斜面指向内倾
斜的墙壁，直面嵌在斜面上，像桌面一样略伸出斜
面边缘。

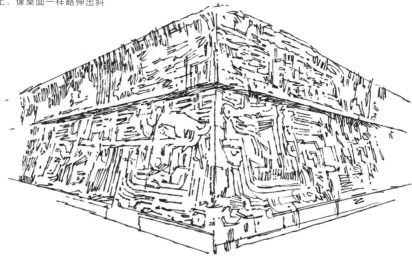

**圣塞西莉亚阿卡提特兰遗址，特拉尔内潘特拉，近
墨西哥城，墨西哥，900—1521 年，阿兹特克文明**

这座金字塔在西班牙–阿兹特克战争期间（1519—
1521 年）遭到部分损毁，于 20 世纪 60 年代重建，
并引起了一些关于文物修复中的适度调整的争议。这
座建筑被认为用于供奉太阳神维齐洛波奇特利和雨神
特拉洛克，有一条宽阔的梯道通往顶部的神庙。

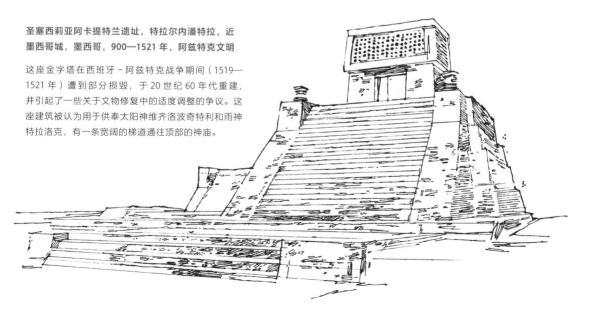

前古典时期

公元前 1600—公元前 100 年

前古典时期的建筑包含迈锡尼文明和伊特鲁里亚文明的作品。迈锡尼人是公元前 1600—公元前 1200 年的希腊的主要居民，他们的建筑主要体现为卫城和陵墓。卫城由围墙围起，里面是王宫和达官显贵的住宅；而陵墓中最壮观的当数地下蜂巢式的王陵，较为常见的石块堆砌的陵墓则属于普通百姓。

迈锡尼建筑可以看作古希腊建筑的先驱，同样，伊特鲁里亚建筑（公元前 8 世纪—公元前 2 世纪）被认为是古罗马建筑的先驱。一种受希腊人启发的神庙是伊特鲁里亚建筑的巅峰。这种神庙通常位于城镇中心，早期由泥土和泥砖建造，后来伊特鲁里亚强大的工程文化发展出了用石头建造的方法。

主要特征：

- 大型门道
- 卫城结构
- 蜂巢式陵墓
- 泥砖
- 石头
- 神庙的发展

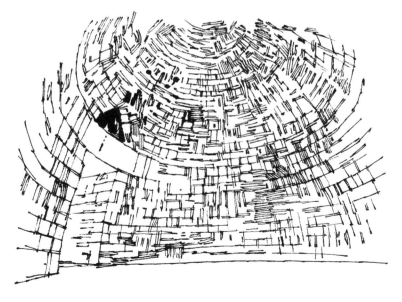

阿特柔斯宝库，迈锡尼，希腊，公元前 1250 年

阿特柔斯宝库又称阿伽门农墓，它开凿在山体内，采用了叠涩穹窿顶，结构简单而体量巨大。一道长长的、两侧有墙的通道直通陵墓入口，宽大的入口上方以一块巨石作为过梁。在陵墓内部，那些清晰可见的石砖使这座巨大的圆顶墓（或蜂巢式陵墓）的结构一览无余。

石头过梁之上的三角形开口被称作卸载角，用于分散过梁上方的重量，使其免于崩裂。

**班迪塔齐亚墓葬群，切尔韦泰里，意大利，
公元前 9 世纪—公元前 3 世纪**

墓葬群所在的切尔韦泰里是一座大型伊特鲁里亚古
城，据估算，这座城内曾有近三万人口。墓葬群共有
几千座伊特鲁里亚陵墓，既有平行排列的方形墓区
域，也有以圆形墓为主的区域。

**迈锡尼卫城，阿尔戈利斯，希腊，
公元前 1350—公元前 1200 年**

这座筑有防御工事的城市被认为是这一时期最重要的
文明区域，它位于爱琴海和希腊大陆之间，十分利于
控制该地区的商贸。卫城城墙为巨石式（cyclopean）：
它由巨大的石灰石砌成，并以小块石灰石填缝。"巨
石式"这一术语由希腊人提出，他们认为只有传说中
的独眼巨人库克罗普斯（Cyclops）才能将这些巨石搬
至此地。

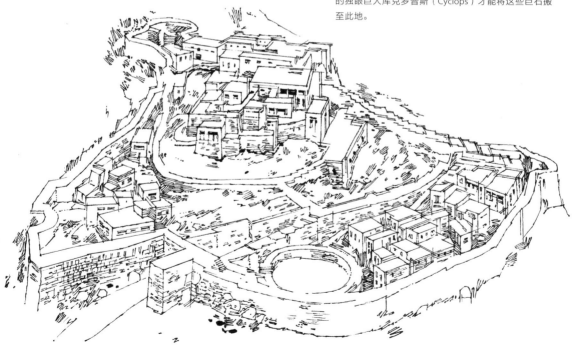

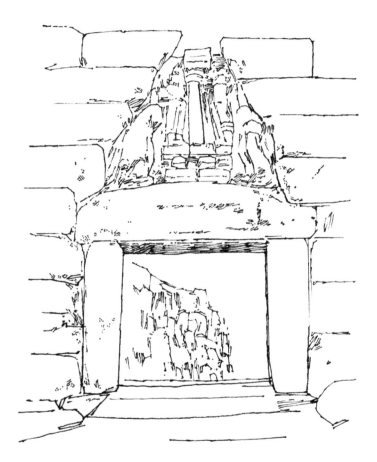

狮子门，迈锡尼，希腊，公元前 1250 年

狮子门是迈锡尼卫城的主入口。门上的两只狮子浮雕是该时期为数不多
的留存下来的雕塑作品。两根由整块石头制成的立柱和跨越立柱的大型
过梁构成了门框。据推测，门框内曾装有一扇宽 3 米的木门，以对进入
城门的人员进行管理。

波托纳乔神庙，维爱，意大利，约公元前 510 年

可能是受希腊建筑的影响，伊特鲁里亚文明在公元前
600 年前后开始修建神庙，但它们如今大多已损毁或
被重建。伊特鲁里亚人用石头修建神庙的地基，其余
部分用彩绘木头、泥砖和陶土构筑。托斯卡纳式立柱
在这个时期诞生，其外形类似加了基座的多立克式立
柱。有关伊特鲁里亚建筑的最重要的文献是维特鲁威
的《建筑十书》。

伊特鲁里亚神庙的屋顶和屋脊使
用比真人还大的陶制人物形象作
为山花顶饰。图示雕像来自波托
纳乔神庙，表现了酒神的女祭司。
它很可能是个瓦檐饰，即一种遮
掩屋顶瓦檐口的直立装饰物。

古代希腊

约公元前 900—公元 100 年

随着迈锡尼文明的衰落，神庙形式成为建筑的中坚力量。神庙作为最重要的公共建筑，逐渐发展出多种布局，但列柱围廊式（建筑四周被柱廊环绕的式样）始终是古希腊神庙的典型特征。此外，有柱门廊、前殿、内殿和后殿也是希腊神庙中常见的空间构成要素。

在希腊建筑中，比例关系对达成平衡与对称有着十分重要的作用，且所有元素都十分和谐。除神庙外，大型的希腊城镇还会有露天剧场（通常修建在山坡上，层列式的座位呈扇形）和角力学校（仅供男性公民使用的体育场），一些城镇还有用于赛马的跑马场。

主要特征：
- 精致的细节
- 高大的立柱
- 对称
- 和谐
- 多立克、爱奥尼和科林斯柱式
- 神庙建筑
- 梁柱结构

帕特农神庙，雅典，希腊，公元前 447—公元前 432 年，建筑师：伊克提诺斯和卡里克拉特

这座奉祀雅典娜的庞大神庙矗立在雅典卫城的最高处。神庙是一座列柱围廊式建筑，采用梁柱结构，四面有列柱环绕，前后有门廊和山花。内殿分为两部分，内部的多柱回廊上有爱奥尼式的浅浮雕檐壁。神庙外缘的立柱为多立克式，柱身微凸，从而减轻直柱的中部收窄的错觉。这些柱子也略微向内倾斜，转角处的柱子稍大，柱子的间距略有减少。檐部和柱座（阶梯状的基座）也呈中凸外低的优雅弧度。关于这种形式，人们提出了多种猜测，有的认为这是为了排走雨水；有的认为这和其他设计一样，是为了纠正这类长而直的结构在视觉上的弯曲；还有的认为建筑师希望通过曲线使静态的建筑更显生动。

伊瑞克提翁神庙，雅典，希腊，公元前 406 年，建筑师：或为穆内西克莱斯

伊瑞克提翁神庙坐落在雅典卫城的北侧，以女像柱闻名，六座女性雕像充当着神庙南廊的支撑柱。

赫菲斯托斯神庙，雅典，希腊，公元前 450—公元前 415 年

作为希腊保存最完好的神庙之一，赫菲斯托斯神庙是典型的多立克列柱围廊式建筑。神庙的中心是内殿，入口处的空间是前殿，神庙的后方还有一处后殿，与前殿和内殿处于同一条中轴线上。不过后殿只能从后门廊进入，与内殿并不相通。

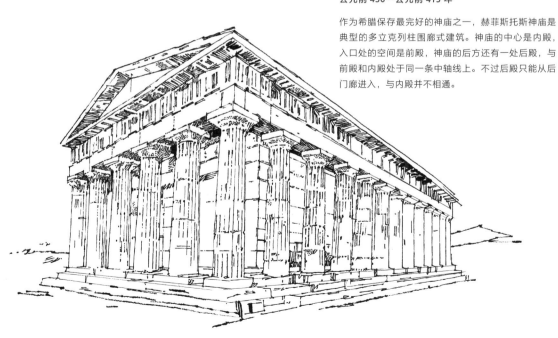

雅典娜胜利神庙，雅典，希腊，公元前 420 年，
建筑师：卡里克拉特

这座神庙相比其他神庙形制较小，只在正面和背面有
列柱，而两侧没有。这些石柱采用爱奥尼式，使用整
块白色潘泰列克大理石雕刻而成，而不是由圆柱形石
块垒成。

奥林匹亚宙斯神庙，雅典，希腊，
公元前 2 世纪—公元 2 世纪

尽管这座神庙如今仅存 15 根科林
斯式石柱，但它显然曾是座壮观
的建筑。希腊人一度认为继续修
建这样巨大的神庙太过自负，从
而中断了其建设，直到公元前 2
世纪晚期，这座神庙才由罗马人
继续建造。

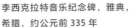

李西克拉特音乐纪念碑，雅典，希腊，约公元前 335 年

这座纪念碑立在一个高大的方形基座上，因首次在建筑外部使用科林斯柱式而闻名。作为少数留存的音乐纪念碑之一，它具有一个用来展示合唱或戏剧奖奖杯的独立底座。

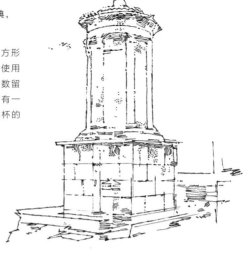

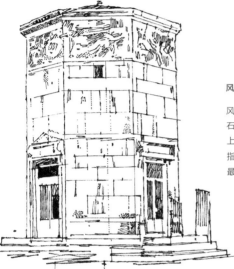

风之塔，雅典，希腊，公元前 1 世纪或公元前 2 世纪

风之塔是一座八边形结构的钟楼，采用潘泰列克大理石建造，主要功能是测量时间。塔身八面朝向指南针上的八个方位，每面的檐壁下方都装有一个日晷，其指针在塔壁上投下阴影，从而实现报时的功能。塔顶最初还装有一个青铜制的风向标。

锡弗诺斯宝库檐壁，德尔斐，希腊，约公元前 525 年

图示雕刻檐壁位于宝库的北面，描绘了一头狮子正在攻击阿波罗，这类巨人和天神搏斗的场景通常表现动物和奥林匹斯诸神之间的战斗。宝库几乎是全封闭的，正面设有带山墙的门廊。门廊两端有壁柱，中间则为两根女像柱。

古代罗马

公元前 753—公元 476 年

罗马帝国吸收了希腊和伊特鲁里亚文明的古典建筑元素，但古罗马建筑又与这些元素存在显著差异，使其成为一种经过改良和发展的新建筑风格。古希腊城镇大多以象征性的理想来规划，而古罗马城镇则主要根据军事原则和目标来规划。古罗马人的生活方式和罗马帝国的辽阔疆域必定会催生出更多建筑类型，同时拱券、拱顶和穹顶的发展彻底改变了建筑的可能性。此外，罗马建筑的发展还得益于可用材料（如凝灰岩、大理石和混凝土，还有发展出砖面混凝土的烧结砖技术）的工程创新，以及对更大、更具纪念性的建筑的渴望。

罗马人还发展出了输水道和耐用的道路系统，目的是解决长距离运输水和粮食的工程难题，从而支持帝国在自然资源匮乏地区的扩张。古罗马时期的柱式也更为自由，在多立克式、爱奥尼式和科林斯式的基础上发展形成了托斯卡纳式和混合式，而这是希腊理想化的符号语言所不允许的。

主要特征：

- 拱券
- 拱顶
- 穹顶
- 混凝土
- 大型公共建筑
- 输水道
- 城市规划
- 纪念性建筑
- 托斯卡纳式和混合式

万神庙，罗马，意大利，113—125 年

万神庙是保存最为完好的古罗马时期的纪念性建筑，它曾供奉罗马神，现在是一座天主教堂——圣母与诸殉道者教堂。万神庙主体呈圆柱体，正面的门廊饰有山花，里面排列着 16 根科林斯式柱。神庙内部由混凝土制成的穹顶十分壮观，其内壁有凹格装饰，顶点处开一眼窗。这座圆顶大厅的直径与穹顶的最大高度完全相等。

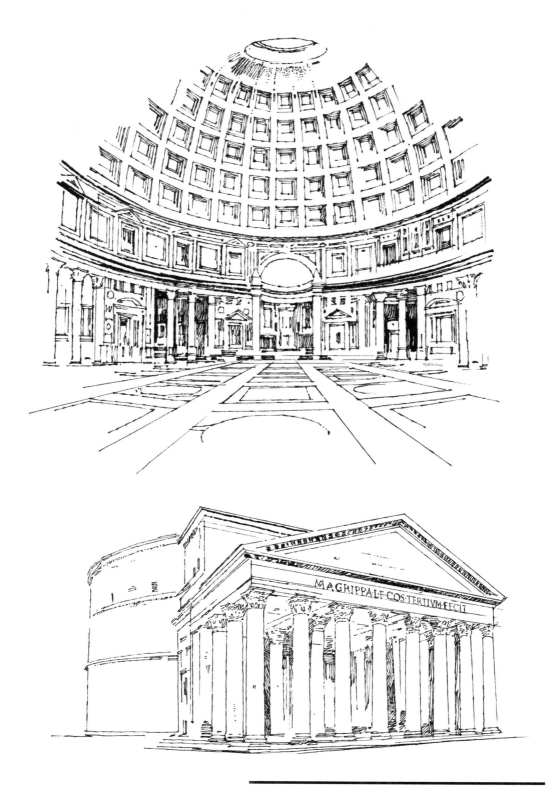

波图努斯神庙，罗马，意大利，公元前 2 世纪晚期或公元前 1 世纪早期

这座较小的神庙用石灰华、凝灰岩和灰泥建造，采用爱奥尼柱式。神庙为矩形布局，正面的柱子独立于墙体，支撑上方的山花，其余三面的柱子则为附墙柱，柱体与墙体相连。

古罗马广场，罗马，意大利，公元前 500 年

古罗马广场现在是罗马市中心的一片开放的广场，其中有多处遗迹，大部分是市政大楼。广场曾是罗马城市活动的中心，建有用于宗教、社会活动、体育、法律和军事游行的建筑。图中右侧前景处是农神庙，中间是塞维鲁凯旋门，远处是圣路加和圣玛蒂娜教堂。

胜利者赫拉克勒斯神庙，罗马，意大利，公元前 2 世纪，建筑师：萨拉米斯的贺莫多

这座圆形的神庙用希腊大理石建成，周围环绕着 20 根科林斯式柱，被认为是罗马现存最古老的大理石神庙。原本的楣梁和屋顶已不存，取而代之的是一个瓦片斜顶。这座神庙的建筑师据说是当时在罗马工作的、来自希腊的萨拉米斯的贺莫多。

罗马斗兽场，罗马，意大利，70—80 年

这座巨大的竞技场最多可以容纳五万名观众。和以往的圆形露天剧场有很大不同，它是一座独立建筑，并未傍山而建。这座由石头和混凝土组成的圆形建筑有三层拱廊，每一层的附墙柱分别是多立克、爱奥尼和科林斯式。这一场所用于举办人与动物或角斗士之间的残酷的对战，以供罗马人娱乐。

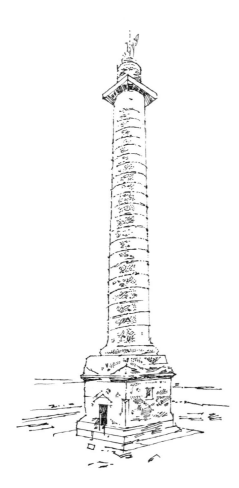

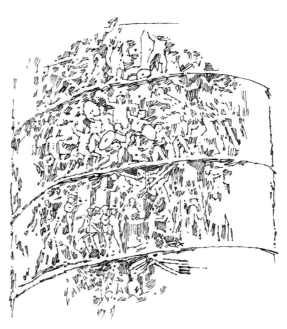

**图拉真柱，罗马，意大利，113 年，
建筑师：大马士革的阿波罗多拉斯**

这根纪念柱高 38 米，由 19 块圆柱形大理石垒成，
是为纪念罗马皇帝图拉真的战功所立。柱身螺旋
环绕的浅浮雕总长达 200 米，讲述了图拉真在达
契亚（今罗马尼亚）的赫赫战功。柱子两侧原本
还建有用于欣赏浮雕的观赏台。图拉真死后，其
遗体被埋葬在柱基里。

**赫拉克勒斯神庙，科里，意大利，
公元前 89—公元前 80 年**

赫拉克勒斯神庙采用多立克柱式，
明显受到希腊风格影响，坐落在
科里卫城的最高处。科里位于罗
马东南 45 千米，曾是一座繁荣的
重镇。在亚壁古道绕过科里修建
在 10 千米外后，这座城镇便渐渐
衰落。

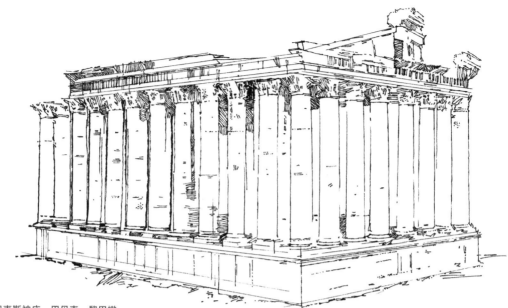

巴克斯神庙，巴贝克，黎巴嫩，
2 世纪晚期或 3 世纪早期

巴克斯神庙矗立在一个墩座上，外有 42 根科林斯式柱环绕，内殿装饰着众多科林斯式附墙柱，墙上有两层雕花壁龛。巴克斯神庙的雕塑和浮雕数量之多、技艺之巧，在现存的古罗马时期作品中实属罕见。

尼格拉城门，特里尔，德国，170 年

作为一座防御性城市的四座城门之一，这座巨大的罗马城门原本用灰色的砂岩砌成，两侧有两座半圆柱形的塔楼。历史上这座城门曾有过许多用途：11 世纪时是僧侣西蒙的住所，然后又成为一座教堂，19 世纪初，拿破仑下令解除了这座建筑的宗教功能，恢复了其最初的用途。

加尔桥，尼姆，法国，约 1 世纪

这座古罗马工程奇迹横跨加登河，用于将水引至尼姆市。加尔桥共有三层拱券，下层的拱券跨度最大。整座桥都没有使用砂浆，这也是大型罗马建筑的典型建造方法。

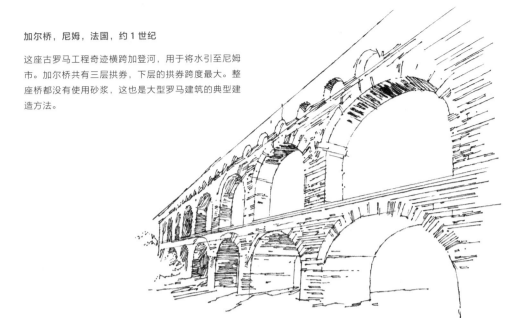

圣天使堡，罗马，意大利，123—139 年

兴建于 2 世纪的圣天使堡起初是哈德良皇帝的陵墓，5 世纪时被改造成军事要塞。这是一座外方内圆的建筑，外围有突出的防御性碉堡。14 世纪时，这座防御工事被教皇改为城堡，并通过一条架高的防御性廊道与圣彼得大教堂相连。

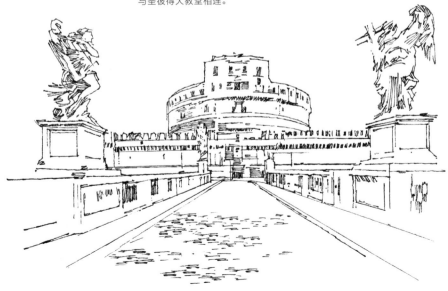

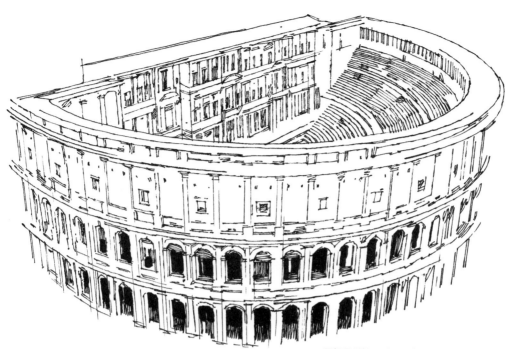

马切罗剧场，罗马，意大利，公元前 13 年

这座经过改建的建筑明显体现出它对罗马斗兽场立面的影响。这座剧场的建设工程由尤利乌斯·恺撒启动，为此古老的弗拉米尼乌斯竞技场被拆除，并略微迁移了阿波罗索西乌斯神庙。剧场半圆形的外立面用凝灰岩建造，有两层拱廊，第一层为多立克式附壁柱，第二层为爱奥尼式。

君士坦丁凯旋门，罗马，意大利，315 年

君士坦丁凯旋门是现存最大的古罗马凯旋门，用于纪念君士坦丁一世在米尔维安大桥战役中击败马克森提乌斯。这座纪念性建筑使用普罗科尼索斯大理石建造，有三个比例一致的拱门：中央的大，两侧的小。其正背两面各有四根科林斯式柱，柱顶各有一尊雕像。凯旋门上的雕刻构件使用了多种颜色的大理石，使之十分引人注目。

古代中国

公元前 1600 年—19 世纪

中国建筑内在的核心理念融入了所有结构之中，且超越了地区审美差异。由李诫编写、刊行于 1103 年的《营造法式》是一本关于中国建筑的专著，其中不仅收录了传统建筑实例，还制定了一整套规范以追求风格上的统一。书中内容既涵盖了建造指导，例如不建设地基并使用木榫卯结构以达到抗震效果；也给出了美学上的指导，例如不同建筑元素的色彩系统。

主要特征：
- 大木结构
- 榫卯结构
- 曲线屋脊和翼角
- 屋脊兽
- 寺庙和宫门前的狮子像
- 琉璃瓦
- 鲜艳的色彩系统

拙政园，苏州，江苏，中国，16 世纪

拙政园是座典型的江南园林，全园以水为中心分作三个部分，信步园中，厅堂亭榭、游廊石桥、山水风物无不营造出恬静之景。图示小亭子位于中花园，名为"梧竹幽居"，其独具巧思的四个圆形门洞构成了重叠交错的景致。

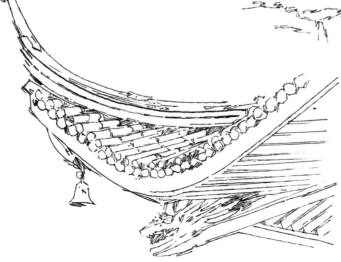

这种出挑上翘的屋角被称为翼角，是中式屋顶的典型特征。图中的示例可能出自中国南方建筑，高高翘起的屋角利于排掉屋顶的雨水。宽阔的屋檐可以保护下方的斗拱和屋墙免受雨淋，屋顶上俯仰交错的瓦片也有助于排水，同时还起到一定的防火作用。屋角下常挂有惊鸟铃，不仅能发出清脆悦耳的响声，还有辟邪的寓意。

天坛，北京，中国，1420 年

天坛内有三座主体建筑，图中所示的祈年殿规模最大，为三层重檐圆殿，下面有三层汉白玉台基。天坛的设计大量运用了"天圆地方"这一古雅的符号语言，这种几何关系反复出现于天坛内所有建筑中，不断增强这一象征意义。

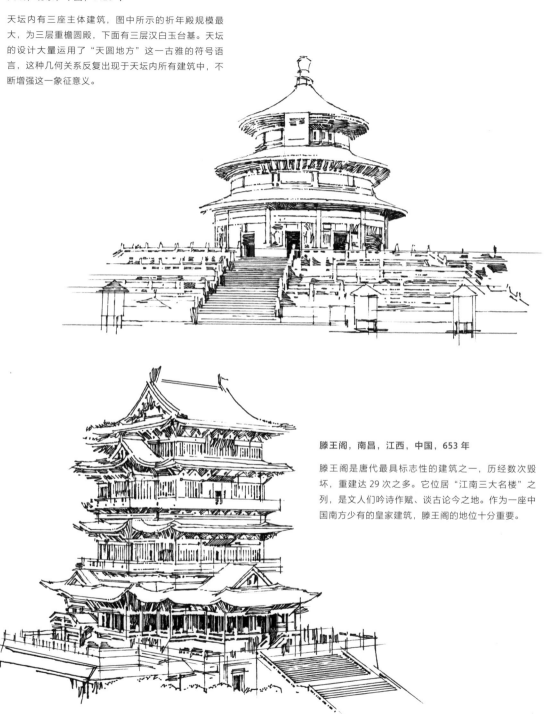

滕王阁，南昌，江西，中国，653 年

滕王阁是唐代最具标志性的建筑之一，历经数次毁坏，重建达 29 次之多。它位居"江南三大名楼"之列，是文人们吟诗作赋、谈古论今之地。作为一座中国南方少有的皇家建筑，滕王阁的地位十分重要。

佛宫寺释迦塔，应县，山西，中国，1056 年

佛宫寺释迦塔是中国现存最古老、最高大的木构佛塔之一。塔的平面呈八边形，建在石砌高台上，塔内实为九层，外观可见五层，每层设一周平坐。释迦塔的斗拱十分出名，全塔共用斗拱 54 种。塔内有三层供奉着释迦牟尼像。

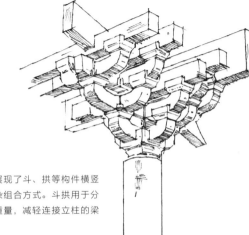

图示木构斗拱展现了斗、拱等构件横竖层层交叠的复杂组合方式。斗拱用于分散上方构架的重量，减轻连接立柱的梁的载荷。

故宫，北京，中国，1406—1420 年

故宫是位于北京市中心的皇家宫殿建筑群，有东南西北四座大门，即午门（主入口）、图中的神武门（主出口）、东华门和西华门。每一座大门均位于 10 米高的夯土城墙内，并由一条宽 52 米、深 6 米的护城河环绕。

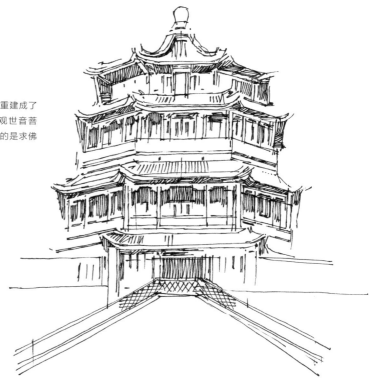

颐和园佛香阁，北京，中国，1751 年

此处原本计划造一座九层佛塔，但随后拆掉重建成了八面三层的佛香阁，阁内供奉了一尊鎏金观世音菩萨像。观世音是大慈大悲的菩萨，而菩萨指的是求佛道、化众生之人。

布达拉宫，拉萨，西藏，中国，1645 年

布达拉宫是政教功能合一的大型建筑群，也是藏传佛教重要的圣地。宫殿依山而建，内有上千间房屋。由夯土和砖石砌成的外墙将建筑完全围裹起来，使其具有防御功能。

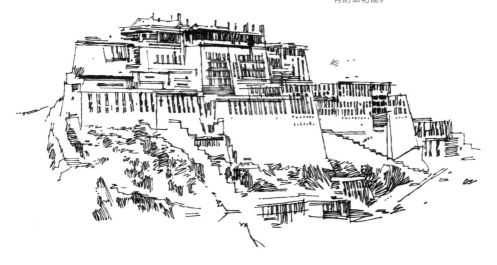

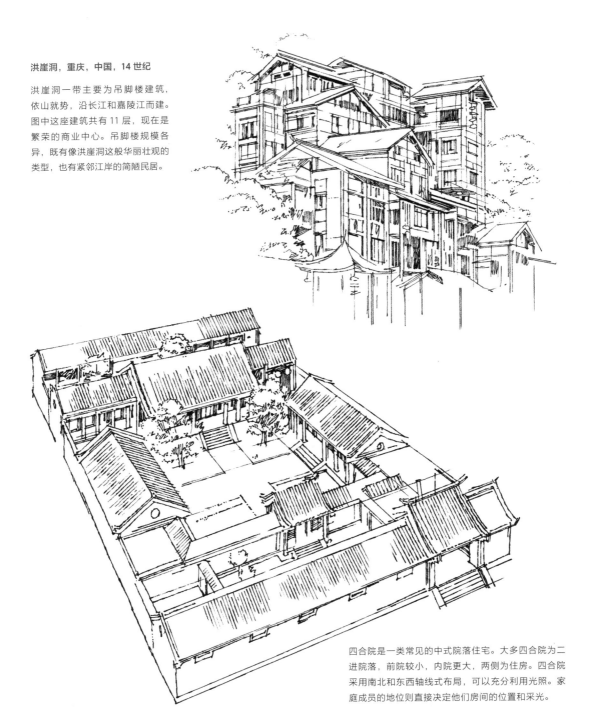

洪崖洞，重庆，中国，14 世纪

洪崖洞一带主要为吊脚楼建筑，依山就势，沿长江和嘉陵江而建。图中这座建筑共有 11 层，现在是繁荣的商业中心。吊脚楼规模各异，既有像洪崖洞这般华丽壮观的类型，也有紧邻江岸的简陋民居。

四合院是一类常见的中式院落住宅。大多四合院为二进院落，前院较小，内院更大，两侧为住房。四合院采用南北和东西轴线式布局，可以充分利用光照。家庭成员的地位则直接决定他们房间的位置和采光。

悬空寺，大同，山西，中国，491 年

悬空寺悬坐在恒山的峭壁之上，据说是由了然和尚一人建造的，独特的位置使其可以免受洪水、山雨和大雪的侵扰。悬空寺佛、道、儒三教合一，整座寺庙完全依靠插入石壁的横梁和立木支撑，有主殿 6 座、小殿 34 间，互相由栈道连接。

嵩岳寺塔，登封，河南，中国，520—525 年

嵩岳寺原为北魏宣武帝和孝明帝的离宫，6 世纪晚期改建为佛寺，现仅存嵩岳寺塔。嵩岳寺塔为现存最古老的砖塔，平面呈十二边形，外观有 15 层，内部为 10 层。塔身造型受古印度佛塔影响，自下而上逐渐收拢，形成柔和的抛物线形。

古代日本

公元前 6 世纪前—公元 19 世纪

在佛教于 6 世纪传入日本前，日本早期的主要宗教是神道教，这一宗教相信世间的精神力量存在于自然界。这些被称为"神"的灵体生活在自然世界中，包括动物、植物、山川和河流。神道教建筑的核心是神社，其内殿只有神职人员可以进入；神社的入口为鸟居，用于区分神社内的神域和外部的世俗界。佛教由中国经朝鲜半岛传入日本后，日本建筑也愈加精巧繁复。日本的佛寺建筑通常色彩鲜艳，屋顶下有装饰性的斗拱和装饰柱，表面多有雕刻且施有鎏金和鎏银。

主要特征：
- 细节精巧
- 风格和谐
- 精致的细木工
- 鸟居
- 神道教神社
- 佛寺

东照宫阳明门，日光，日本，1617 年

神社内共有 55 座建筑，图中的阳明门高两层，上有 500 多幅色彩鲜艳的高浮雕，刻画了古代日常生活场景。阳明门精巧的做工彰显了修筑东照宫的家族的名望和权势。

伏见稻荷大社，京都，日本，
711 年

这座神社因其几千座一直通往稻荷山山顶的红色的鸟居而闻名。图中这座巨大的鸟居矗立在神社楼门前，是神域和世俗界的分界线。鸟居通常为木造，由一对支柱和两根横梁构成。

穿过这座巨大的鸟居便来到楼门阶下，这里是神社的主入口。台阶两侧排列着狐狸雕像，相传它们是稻荷神的使者，稻荷神即神道教中的大米、清酒、商人和制造者之神。

平等院凤凰堂，京都，日本，1053 年

凤凰堂为平等院的主要建筑，有正殿和左右两条 L 形开放围廊。正殿供阿弥陀佛像，这尊佛像由雕刻家定朝用多块木材雕刻，以寄木细工技法拼接而成。凤凰堂屋顶铺陶瓦，正殿正脊两端各立一尊凤凰像。

法隆寺，奈良，日本，607 年

法隆寺集佛教寺院和佛学院于一身。图示的双层金堂为法隆寺正殿，是世界上最古老的木构建筑之一，其屋顶采用了入母屋造（一种有着瓦片屋脊和山墙的屋顶类型）。这座院落具有本时期建筑的典型特征：经过卷杀的梭柱、用于支撑建筑的双层平台、人形拱和用于分散屋顶重量的斗拱。

松本城天守，松本，日本，16 世纪

松本城是一座平城[1]，这座天守是整座城堡里最后一道防线，它兼用木造和石造，建在一座高台上，周围有护城河环绕。天守高六层，其高处有射箭孔，顶层有瞭望台和投石洞。

1.古代日本城堡根据修建地势，主要分为平城、山城和平山城三类。——译者注

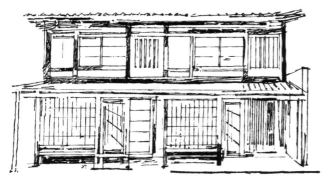

日本传统住宅（町屋），日本，17—19 世纪

京都现存的町屋是研究城市民居建筑的重要样本。町屋呈长条形，深入坊间，通常有一至两个内院，临街的部分为店铺，靠里的空间为住宅。不同类型的店铺会在大门上使用不同花纹的木格栅。

琉璃光寺五重塔，山口，日本，1442 年

这座五重塔是日本三大名塔之一，建造时间早于琉璃光寺主殿，属于佛寺建筑群的一部分。空心的塔身由五段木构嵌套而成，塔内有一根中心柱，其底部埋于地下，只有顶部与塔刹相连。这样的结构使五重塔具有一定韧性，可以抗震。

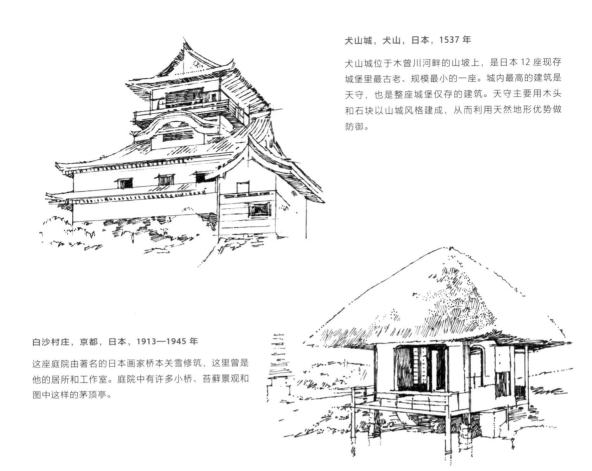

犬山城，犬山，日本，1537 年

犬山城位于木曾川河畔的山坡上，是日本 12 座现存城堡里最古老、规模最小的一座。城内最高的建筑是天守，也是整座城堡仅存的建筑。天守主要用木头和石块以山城风格建成，从而利用天然地形优势做防御。

白沙村庄，京都，日本，1913—1945 年

这座庭院由著名的日本画家桥本关雪修筑，这里曾是他的居所和工作室。庭院中有许多小桥、苔藓景观和图中这样的茅顶亭。

合掌造，白川乡，日本，17 世纪

这类宅屋位于白川乡山区的历史悠久的村庄中，陡峭的茅草屋顶形似双手合十，因此得名合掌造。合掌造通常为三至四层，上面几层用作生产活动。合掌造在建造时不使用钉子或任何金属构件，所使用的稻草和木料也均是就地取材。

东大寺正仓院，奈良，日本，8 世纪

正仓院是一座仓库，存有约 9000 件历史珍宝。木造的正仓院朴实无华，属于校仓造建筑，墙面由三棱柱形的木材交叉围合而成，且按日本传统未使用钉子。仓库整体架高 2.4 米以保护文物，也促进了仓内的空气流通。

清水寺，京都，日本，778 年

清水寺原属于法相宗（最早传入日本的佛教宗派之一）寺庙，建在音羽山瀑布上。寺庙本堂位于高出地面 13 米的巨大格栅底架上，以日本传统方式建造，没有用一根钉子。

古代印度

约公元前 300 年—公元 18 世纪

古代印度的建筑与宗教密不可分，而其中佛教、耆那教和印度教对建筑类型发展的影响最为深远。佛教建筑主要有埋葬和供奉佛祖舍利的窣堵波、象征天地的宇宙之柱（stambha）、雕刻于石窟内用于礼佛的支提和僧侣居住修行的毗诃罗。佛教衰退后，印度教开始发展壮大。印度教庙宇用石材建造，雕刻细致且各地风格差异显著。耆那教建筑也主要为庙宇僧院，形制与印度教的相似，但逐渐发展成大型的寺院建筑群。

主要特征：
- 大量精致雕刻
- 宗教象征意义
- 窣堵波
- 石造庙宇
- 栩栩如生的人和动物雕塑
- 出挑的石造檐口

**桑吉大塔，桑吉村，中央邦，印度，
公元前 300—公元前 100 年**

桑吉大塔是印度最古老的佛教建筑之一，其主体被称为"安达"（anda），是一座建在基坛上的半球形穹顶，周围有一圈方形石柱构成的栏楯。桑吉大塔的深处有一处供奉舍利的小室。安达周围的圆形通道可供信众转绕佛塔。塔前的仪式性塔门两侧的立柱以兽首为柱头，顶部有三根额枋，上面装饰着表现佛祖本生故事的浅浮雕。

卡拉石窟大支提，马哈拉施特拉邦，印度，120 年

卡拉石窟中的这座佛寺支提是一处室内祈祷厅，堪称印度石窟建筑的典范。支提窟尽头有一窣堵波，凿刻成人和动物形象的立柱立于两侧，支撑着内部的木质拱肋拱顶结构。

钦纳克沙瓦神庙，索玛纳塔浦那，卡纳塔克邦，印度，1258 年

钦纳克沙瓦神庙以整块岩石凿成，有三重神殿，是曷萨拉王朝时期印度教寺庙的杰出代表。这些相互连接的神庙平面呈星形，整体建在台基上，边缘有通道环绕神庙。神庙外表布满了印度教义主题的雕刻，工巧而繁复。

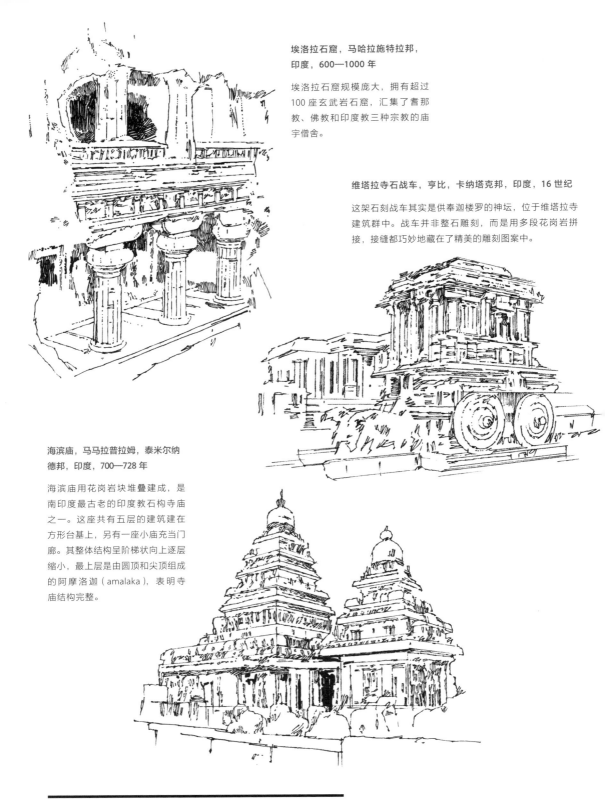

埃洛拉石窟，马哈拉施特拉邦，印度，600—1000 年

埃洛拉石窟规模庞大，拥有超过 100 座玄武岩石窟，汇集了耆那教、佛教和印度教三种宗教的庙宇僧舍。

维塔拉寺石战车，亨比，卡纳塔克邦，印度，16 世纪

这架石刻战车其实是供奉迦楼罗的神坛，位于维塔拉寺建筑群中。战车并非整石雕刻，而是用多段花岗岩拼接，接缝都巧妙地藏在了精美的雕刻图案中。

海滨庙，马马拉普拉姆，泰米尔纳德邦，印度，700—728 年

海滨庙用花岗岩块堆叠建成，是南印度最古老的印度教石构寺庙之一。这座共有五层的建筑建在方形台基上，另有一座小庙充当门廊。其整体结构呈阶梯状向上逐层缩小，最上层是由圆顶和尖顶组成的阿摩洛迦（amalaka），表明寺庙结构完整。

**布拉梅斯瓦拉寺，布巴内什瓦尔，奥里萨邦，印度，
1058 年**

这座印度教寺庙供奉湿婆神，以砂岩建成，内里和外
面均布满了宗教主题的雕刻。布拉梅斯瓦拉寺为班查
亚塔纳式（panchayatana）布局，中间为主神堂，
四角各有一个小神堂。

**舞王神庙，吉登伯勒姆，泰米尔
纳德邦，印度，10 世纪**

这座印度教神庙供奉纳塔罗阇，
即湿婆神的舞蹈形态。整个建筑
群有四座外院，以九道瞿布罗塔
门联通，其中四道分别面向四个
正方位，各高七层，上面装饰有
精致的彩色塑像。

古尔墓庙，维贾耶普拉，卡纳塔克邦，印度，
1626—1656 年，建筑师：杜布尔的雅库特

古尔墓庙是苏丹穆罕默德·阿迪勒沙阿的陵墓，用灰
色玄武岩建成。古尔墓庙平面呈方形，中央的主体部
分覆以穹顶，由内部的穹隅支撑。墓庙的四角各有一
座八面七层的塔，塔的高层可通往穹顶底部的回廊。

小泰姬陵，阿格拉，印度，
1622—1628 年

小泰姬陵通体由大理石打造，
装饰着考究的镂空窗板和精美
绝伦的镶嵌图案。这些图案使
用了硬石镶嵌（pietra dura），
彩色石料经过了精密的切割和
抛光，然后拼接嵌入，形成图
案。这座陵墓建在红砂岩台基
上，四角有八边形高塔，整座
建筑的布局呈中心对称。

麦加清真寺，海得拉巴，印度，1614—1694 年

作为印度最大的清真寺之一，麦加清真寺有着巨大但相对简朴的立面。一条长长的拱廊通向建筑主体，供信众在进入礼拜殿前沐浴净身。清真寺正面是一排拱券，两端矗立着有圆形露台的宣礼塔，每座塔顶上都有穹顶和塔刹。

泰姬陵，阿格拉，印度，1631—1648 年，
建筑师：乌斯塔德·艾哈迈德·拉合里

泰姬陵体量庞大，以白色大理石建成，不论是拱券、穹顶、壁龛、不同的层次、精巧的镂空窗板还是宝石镶嵌图案，都呈完美的左右对称。陵墓建在台基上，四角高耸的宣礼塔标示出台基的边缘。一座高大的伊万（拱形半穹顶式的大门）构成了泰姬陵的入口，主殿上的洋葱穹顶立在鼓座上，使这栋建筑更加雄伟。

2

中世纪和文艺复兴

早期基督教和拜占庭建筑

4 世纪—1453 年

313 年，罗马帝国皇帝君士坦丁一世颁布《米兰敕令》，宣布了基督教的合法地位，对宗教场所的需求也因此产生。而最合理的做法便是根据基督教仪式所需，对现有建筑类型加以改动。在罗马帝国西部，人们选中了巴西利卡，这是一种常用于商业活动的建筑形式，主体为狭长的柱廊，尽头有突出的半圆形后殿。巴西利卡原本不具有任何异教色彩，因此轻而易举地实现了转变，矩形的柱廊大厅被分为中央的内殿和两边的廊道，半圆形后殿则发展为祭坛。

到了 324 年，君士坦丁一世击败罗马帝国东部的皇帝李锡尼，罗马帝国迁都至古希腊城市拜占庭，被称为"新罗马"。拜占庭随后更名为君士坦丁堡，并孕育了体现出基督教仪式变化的拜占庭建筑。由于强化了神职人员列队进入教堂的仪式，拜占庭建筑不再强调狭长的内殿和侧廊，转而注重集中的礼拜空间，因此诞生了多种集中式建筑。

早期基督教建筑主要特征：
- 巴西利卡形式
- 柱廊大厅和半圆形后殿
- 平面呈长方形
- 三条或五条廊道
- 内殿往往比侧廊高

拜占庭建筑主要特征：
- 集中式
- 穹隅穹顶
- 内部有丰富的马赛克宗教画

圣萨比娜教堂，罗马，意大利，422—432 年

这座早期基督教教堂位于罗马阿文庭山，是现存最古老的罗马巴西利卡，它的布局和外观至今仍保留着原本的特征，比如长方形的布局和立柱。教堂的外观与 5 世纪时几乎无异，其窗子以透石膏制成，内部分区明确，狭长的大厅尽头有一个半圆形后殿。

圣皮埃尔教堂，梅斯，法国，4世纪

这座教堂是晚期罗马帝国的现存建筑中的杰作，始建于4世纪，最初是罗马浴场建筑群中的体育馆，7世纪时改建为本笃会教堂。这也是巴西利卡从世俗建筑改建为宗教建筑的典型代表。

新圣阿波利纳尔教堂，拉韦纳，意大利，505年

新圣阿波利纳尔教堂的布局是早期基督教建筑具有代表性的巴西利卡式，但是内殿列柱上方的墙面却是拜占庭风格的马赛克装饰。

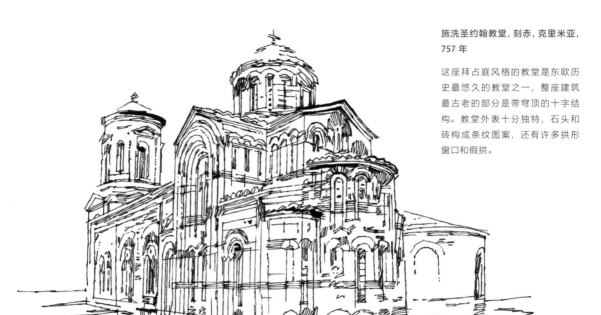

施洗圣约翰教堂, 刻赤, 克里米亚, 757 年

这座拜占庭风格的教堂是东欧历史最悠久的教堂之一, 整座建筑最古老的部分是带穹顶的十字结构。教堂外表十分独特, 石头和砖构成条纹图案, 还有许多拱形窗口和假拱。

圣康斯坦察教堂, 罗马, 意大利, 4 世纪

这座早期基督教建筑和经典的巴西利卡大相径庭, 起初人们认为这是君士坦丁一世为他女儿修建的陵墓。教堂平面呈圆形, 由 12 对花岗岩混合式柱构成的回廊环绕着中央穹顶, 穹顶的鼓座上有一圈窗口, 照亮了教堂的中央, 与昏暗的回廊形成鲜明的视觉对比。

神圣和平教堂，托普卡匹皇宫，伊斯坦布尔，土耳其，532 年

这座拜占庭教堂的独特之处在于它从未被改建成清真寺，因此保留了规整的、典型的巴西利卡式布局，但在靠近半圆形后殿的位置却加上了一个穹顶。因此我们可以看到，教堂底层是传统的早期基督教的直线式布局，而上部则是拜占庭式的穹顶。

圣乔治教堂，索菲亚，保加利亚，4 世纪

这座早期基督教风格的砖造巨筒主体呈圆柱状，上有穹顶，四个半圆形后殿附在主殿周围。这座教堂是索菲亚现存最古老的建筑，其内部有多层湿壁画，可追溯到不同历史时期。

圣索菲亚大教堂，伊斯坦布尔，土耳其，360—537 年

圣索菲亚大教堂是最精美的拜占庭建筑之一，其原名
"Hagia Sophia" 意为 "神圣的智慧"。尽管砖造的外
表显得有些朴素，其内部的丰富性却令人惊叹。四根
柱墩和两侧的半圆顶架起巨大的碟形穹顶。穹顶下是
建筑内部的主要空间，底部因回廊布局而呈椭圆形，
高处则是错落重叠的拱廊。

圣维塔莱教堂，拉韦纳，意大利，547 年

圣维塔莱教堂为独特的八边形，整体围绕中央的穹顶
进行构建。教堂内部的八角厅周围有拱券，生发出一
系列包围着中心区域的拱廊。教堂外部的砖墙装饰简
朴，基本保留了 6 世纪时的面貌，同样由砖建造的早
期飞扶壁也值得注意。这座教堂的内壁上还有伊斯坦
布尔之外最重要的马赛克作品。

圣索菲亚教堂，塞萨洛尼基，希腊，8 世纪

与伊斯坦布尔的同名教堂不同，塞萨洛尼基的圣索菲
亚教堂是拜占庭式穹隅穹顶的标准案例。在将圆形
的穹顶置于正方形空间之上时，穹隅即是穹顶之下
的球面三角形结构，可以把穹顶的重量分散至用于
支撑的柱墩。

伊斯兰建筑

7—19 世纪

　　伊斯兰建筑的主要代表是宗教建筑，尤其是清真寺和经学院。许多建筑都饰以复杂的几何图案，这些精巧的设计以圆形、方形、星形和多边形为基础图形，建筑师将其组合成不同的纹样，形成了独特的装饰风格，也彰显了统一和秩序的重要性。另一种常见的阿拉伯式装饰纹样由卷曲缠绕的植物枝叶图案构成。伊斯兰建筑中广泛使用的装饰性拱顶——钟乳石檐口则属于蜂窝状拱顶一类。

　　伊斯兰建筑取用了基督教建筑的某些代表性元素，例如穹顶和拱廊，但整体构造有本质性的变化，反映了伊斯兰教的宗教需要。伊斯兰建筑增加了用于集体礼拜的大型庭院空间，以及清真寺墙壁上向礼拜者标明麦加方向的壁龛米哈拉布。宣礼塔也有着重要的意义，它不仅用于召唤礼拜，也是伊斯兰教的存在的视觉宣告。

主要特征：

- 穹顶
- 宣礼塔
- 尖拱
- 围合庭院
- 几何图案装饰
- 阿拉伯式花纹装饰
- 钟乳石檐口

苏丹艾哈迈德清真寺（蓝色清真寺），伊斯坦布尔，土耳其，1609—1619 年，建筑师：赛德夫哈尔·穆罕默德·阿加

这座清真寺因室内大量使用蓝色砖而得名，它和圣索菲亚大教堂共同构成了伊斯坦布尔壮观的天际线。蓝色清真寺有五个大穹顶、八个小穹顶和六座宣礼塔，将拜占庭元素结合进传统的伊斯兰建筑中。和圣索菲亚大教堂一样，蓝色清真寺的穹顶也使用了穹隅。清真寺建筑群主要有两部分：穹顶之下的礼拜堂和室外宽阔的沐浴净身区域。

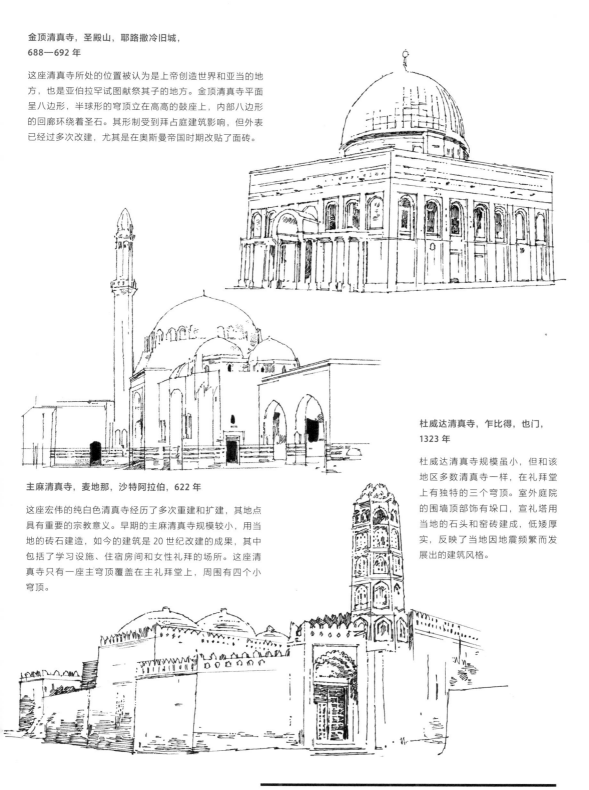

金顶清真寺，圣殿山，耶路撒冷旧城，688—692 年

这座清真寺所处的位置被认为是上帝创造世界和亚当的地方，也是亚伯拉罕试图献祭其子的地方。金顶清真寺平面呈八边形，半球形的穹顶立在高高的鼓座上，内部八边形的回廊环绕着圣石。其形制受到拜占庭建筑影响，但外表已经过多次改建，尤其是在奥斯曼帝国时期改贴了面砖。

杜威达清真寺，乍比得，也门，1323 年

杜威达清真寺规模虽小，但和该地区多数清真寺一样，在礼拜堂上有独特的三个穹顶。室外庭院的围墙顶部饰有垛口，宣礼塔用当地的石头和窑砖建成，低矮厚实，反映了当地因地震频繁而发展出的建筑风格。

主麻清真寺，麦地那，沙特阿拉伯，622 年

这座宏伟的纯白色清真寺经历了多次重建和扩建，其地点具有重要的宗教意义。早期的主麻清真寺规模较小，用当地的砖石建造，如今的建筑是 20 世纪改建的成果，其中包括了学习设施、住宿房间和女性礼拜的场所。这座清真寺只有一座主穹顶覆盖在主礼拜堂上，周围有四个小穹顶。

阿尔罕布拉宫，格拉纳达，西班牙，1238—1358 年，建筑师：穆罕默德·艾哈迈尔

"阿尔罕布拉"意为"红色的"，指其红色的外墙。阿尔罕布拉宫是为一位伊斯兰酋长在西班牙修建的宫堡，它由多座宫殿和庭院组成，是摩尔建筑的瑰宝。

图中的桃金娘中庭是阿尔罕布拉宫的六个主要庭院之一。庭院中央为水池，池边是装饰着镂空格栅的券柱回廊，从庭院中可以望见一座中世纪塔楼。水池和庭院组成的系统也可以起到降温的作用。

苏丹哈桑清真寺，开罗，埃及，1356—1363 年

苏丹哈桑清真寺集清真寺和经学院为一体，同时还包
含了一座陵墓。苏丹哈桑清真寺不仅规模庞大，且建
筑多样、装饰精美，这主要归功于无数工匠的心血。

阿尔罕布拉宫狮庭，格拉纳达，西班牙，
1238—1358 年，建筑师：穆罕默德·艾哈迈尔

狮庭的平面为长方形，庭院中央有一座狮子驮起的喷
泉。从亭子内望向庭院，可以看到灵巧的券柱回廊，
墙上布满了金银丝工艺的雕花。注意回廊中的柱头：
它是正方体和半球体的结合，上部为方形，下部则是
圆形。

大马士革清真寺，大马士革，叙利亚，708—715 年

这座清真寺的礼拜堂和早期基督教的巴西利卡相似，但没有半圆形后殿，取而代之的是用于表示礼拜朝向（麦加的方向）的圆拱形的壁龛米哈拉布。礼拜堂由科林斯式柱分为三部分，从庭院内可以看到袖厅的立面，标示着礼拜堂的入口。

沙阿清真寺，伊斯法罕，伊朗，1611—1629 年

这座伊朗清真寺的伊万（一种三面围合的入口）完美展现了钟乳石檐口的雕饰，这是一种作为穹顶和平直的墙壁间的视觉过渡的结构。这座位于伊斯法罕的清真寺共有四座伊万，分别位于中央庭院的四边。

阿慕尔清真寺，开罗，埃及，641—642 年

这是埃及的第一座清真寺，从始建一直到 20 世纪历经多次改建。南墙边的拱廊是现存最古老的部分，可追溯至 9 世纪。图中可以看到中央的水池，供信众在礼拜前沐浴净身。

双朝向清真寺，麦地那，沙特阿拉伯，623 年

这座清真寺有两个穹顶和两座宣礼塔，礼拜堂呈严格的左右对称，因礼拜方向从耶路撒冷改为麦加，这座清真寺便得此名。礼拜堂上的穹顶建在鼓座上，米哈拉布的上方有一圈窗户为内部空间提供采光。

罗马式建筑

11 世纪—13 世纪早期

　　罗马式建筑直接继承了古罗马的建筑技术，几乎同时在欧洲各国发展起来，在主要元素不变的基础上，各地区的建筑又产生了细微差别。罗马式建筑的技艺运用在多种建筑中，其中以教堂最具代表性。在中世纪，为满足更多僧侣的修行，教堂需要变得更大，因此墙体、柱墩和立柱都要更加厚实粗壮，从而能够支撑建筑的重量，这也是罗马式建筑最易辨别的特征。此外，圆拱或半圆拱、成对的拱形窗户和突出的后殿也是罗马式建筑的典型元素。

主要特征：

- 厚墙
- 粗壮的柱墩和立柱
- 对称布局
- 圆拱和半圆拱
- 简形拱顶和简单的交叉拱顶
- 高耸的塔楼
- 拱廊和假拱廊
- 突出的半圆形后殿

圣米怜教堂，塞哥维亚，西班牙，1111—1124 年

这座罗马式教堂的布局相对简单，突出的一个主后殿和三个次级后殿从外部也能清晰看到。教堂侧面有一条美丽规整的圆拱廊，穿过拱廊即可来到教堂的入口。敦实的塔楼为莫扎拉布式，即伊比利亚半岛的基督教建筑风格，其建成时间早于教堂主体。

班贝格大教堂，班贝格，德国，13 世纪

由于经过多次改建，班贝格大教堂体现出多种建筑风格，其中以罗马式和哥特式最突出。罗马式教堂大门通常呈拱形，数层重叠，向内逐渐缩小，两侧立柱的柱顶板构成连续平面。图示的王子门是班贝格大教堂的主入口，只在圣日打开。这座教堂的大门有 12 层，代表耶稣十二门徒，门上的雕像从罗曼时期开始塑造，到哥特时期完工。

隆德大教堂，隆德，斯科讷，瑞典，1145 年

隆德大教堂以砂岩修建，为拉丁十字式布局，十字的竖向分成三条廊道，横向则为袖厅。教堂左右对称，主入口两侧立有一对与教堂入口立面平齐的塔楼，塔楼有着金字塔形的屋顶、多种罗马式窗户和假圆拱组成的拱廊。

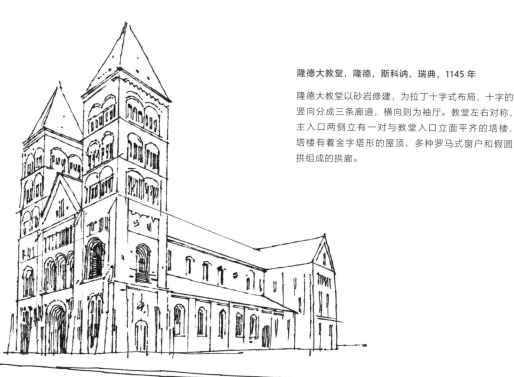

圣朗基努斯圆厅，布拉格，捷克，12 世纪

这是布拉格现存的三座罗马式圆厅中最小和第二古老的一座，原本是属于当地教区的建筑。圣朗基努斯圆厅结构简单，仅由中央部分和半圆形后殿构成，突出的小圆顶上有一圈圆拱。

摩德纳大教堂，摩德纳，意大利，1099—1184 年，建筑师：兰弗兰科

摩德纳大教堂内共有三条廊道，其主入口在教堂侧面，入口两侧的两尊石狮可能是古罗马文物。穿过主入口便来到这座教堂的侧廊，后殿一侧的祭坛位于高台之上，前面有一片空旷区域。教堂呈传统的东西走向，外部可见多条连拱凉廊。教堂东西立面的高度和宽度一致，体现出对统一比例的追求。

玛利亚·拉赫修道院，安德纳赫，德国，11—12世纪

玛利亚·拉赫修道院共有六座塔楼，气势雄伟。宏伟的西大门内是一座庭院，四周有单层高的圆拱廊。

莱塞修道院，莱塞，芒什，法国，11世纪

莱塞修道院为拉丁十字式，有着标准的罗马式教堂布局：内殿左右各有一条廊道，还有袖厅和半圆形后殿。教堂的内殿和翼部的交叉处建有方形塔楼。莱塞修道院最值得注意的是拱肋拱顶的使用，这一结构之后会广泛出现于哥特式建筑中。教堂的外部还有用于分散屋顶重量的扶壁柱墩，增强了建筑的视觉效果，也增加了其结构的实际体量。

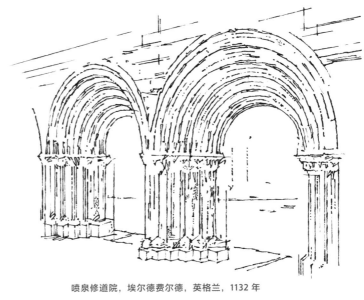

喷泉修道院，埃尔德费尔德，英格兰，1132 年

喷泉修道院建在斯凯勒河畔，图中这座大修道院的罗马式重叠拱门建于 12 世纪，可能曾是修道院回廊入口的遗址。

圣艾蒂安修道院，卡昂，法国，1067 年

这座修道院的肃穆的主立面没有任何雕饰，看起来尤其高大，两边的塔楼看上去比教堂主体还高，顶部的塔尖建于 13 世纪。罗马式拱门和四个扶壁柱墩是仅有的装饰。

圣塞尔南大教堂，图卢兹，法国，1080—1120 年

这座巴西利卡式教堂在内殿和袖厅的交叉处建有一座五层高的钟楼，钟楼底部三层是罗马式，具有典型的圆拱窗，顶部两层建于 13 世纪，塔尖建于 15 世纪。图中可以清楚看到教堂东端，它是一个由礼拜堂环绕的诗班席。九个突出的小礼拜堂依次排开，其中五个连着半圆形后殿，其余四个则与袖厅相连。

圣雅各修道院教堂，莱贝尼，
匈牙利，1208—1212 年

这座匈牙利教堂有十分明显的罗
马式建筑特征：位于大圆拱内的
成对小圆拱窗口、小圆窗、宏伟
的西向主立面和重叠拱门。方形
的塔楼的顶部是莱茵河流域典型
的尖屋顶，这类屋顶具有金字塔
形构造，但由于四面有山墙，屋
顶的每一面都变成了长菱形。

古尔克大教堂，古尔克，奥地利，12 世纪

古尔克大教堂庄重威严，是奥地利最重要的罗马式教
堂之一。巨大的朝西的主立面两侧有一对塔楼，塔顶
为 17 世纪加盖的洋葱穹顶。从图中能清楚看到三个半
圆形后殿与宽阔的袖厅相连。

加尔唐普河畔圣萨文修道院教堂，普瓦图，法国，
11 世纪中期

这座十字布局的教堂有着和谐的空间布局，内殿和袖
厅的交叉处有一座方形塔楼。这座教堂别名"罗马式
的西斯廷礼拜堂"，因为其内部有大量精美的 11 世纪
和 12 世纪的湿壁画。从外部可以看到教堂的诗班席、
回廊和由五个小礼拜堂围绕的教堂东端，以及多边形
的后殿。

哥特式建筑

12 世纪中期—16 世纪

　　法国圣但尼教堂被认为是第一座使用了标志性的哥特式结构和装饰的建筑。哥特式建筑继承自罗马式建筑，力求以更高的教堂建筑唤起接近天堂的感觉。为实现这一目的，建筑师设计了一种全新的结构系统，使建筑不再依靠厚重粗壮的墙壁、立柱和柱墩来分散重量。拱肋拱顶和飞扶壁等结构创新使重量分散转移到其他构件上。这种方式使教堂变得十分轻盈，并且使更多的玻璃、充足的光线和精致的装饰成为可能。这份灵巧轻盈最终也成为哥特式建筑中华丽的美学特质的代名词。

主要特征：
- 尖拱
- 飞扶壁
- 拱肋拱顶
- 轻盈、细长的结构
- 更高的内殿
- 大量彩色玻璃花窗
- 平板式和扁条式花饰窗格
- 高效的承重能力
- 极丰富的装饰
- 小尖塔和塔尖

亚眠大教堂，亚眠，法国，1220—1270 年，
建筑师：吕扎什的罗贝尔、科尔蒙的托马斯与勒尼奥

教堂的入口由三座大门组成，占据了主立面的很大部分，同时也对应了内部布局。大门尖拱的上方是一排与立面等宽的壁龛中的国王雕像。立面中列向上依次为玫瑰彩窗、开敞的拱廊和一排小尖塔。立面两侧的塔楼因顶部于不同时期完工，所以并不对称。

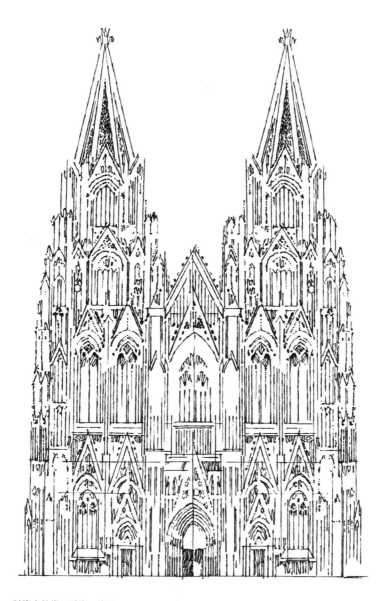

科隆大教堂，科隆，德国，1248—1473 年，1842—1880 年

和许多哥特式教堂一样，科隆大教堂为拉丁十字式布局，有一个内殿，两边各有两条廊道。科隆大教堂具有世界上最高的哥特式拱顶之一，通过飞扶壁分散建筑的重量。主立面由一对高塔、精致的花饰窗格、小尖塔、透雕石质塔尖、尖顶饰和尖拱构成，华丽而炫目。教堂的施工在1473 年停滞，直到 19 世纪才竣工。

令人惊叹的细节和富有表现力的石刻艺术是哥特式建筑的一大标志。图中展示了几种经典的装饰元素。

菱形组饰（上左）：正方形或长方形的花叶图案装饰。

尖头饰（上中）：弧形或三角形的雕花，多见于拱券内。

直立尖顶饰（上右）：一种放在建筑顶部或小尖塔顶部的雕饰构件。

卷叶饰：呈钩状突出的花叶图案雕饰。分别出自建于 1450 年的英格兰诺福克郡利彻姆的万圣教堂（下左），以及建于 1200 年的英格兰林肯大教堂的塔尖（下右）。

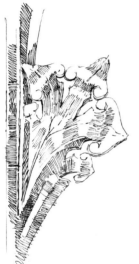

索尔兹伯里大教堂，索尔兹伯里，英格兰，1220—1258 年

教堂北侧的袖厅狭窄高耸，体现出内殿的庞大空间。北袖厅立面分为三层，底部和顶部为细长的柳叶窗，中部是精致的彩色玻璃窗，被框在由附墙小束柱支撑着的拱形窗洞内。小束柱使用的珀贝克大理石产自多塞特郡南部。

乌得勒支大教堂塔楼，乌得勒支，荷兰，
1321—1382 年，建筑师：埃诺的约翰

这座塔楼是荷兰最高的教堂塔楼之一，它原本是一座大教堂的一部分，现在为独立塔楼。塔楼主要分三段，底部两段为方形，四面有尖拱窗和花饰窗格；顶部为开敞的灯亭，造型轻盈优雅，外围有精致的拱形小尖塔。

林肯大教堂，林肯，英格兰，1185—1311 年

林肯大教堂有着不同寻常的拱肋拱顶系统，有些是传统结构，有些则是实验性创造，包括连续和非连续的拱肋拱顶、四分拱顶、六分拱顶和其他非对称拱顶。图中所示的拱顶位于天使诗班席上方，其拱肋拱顶由下部支撑侧廊拱门的束柱向上发散而成。

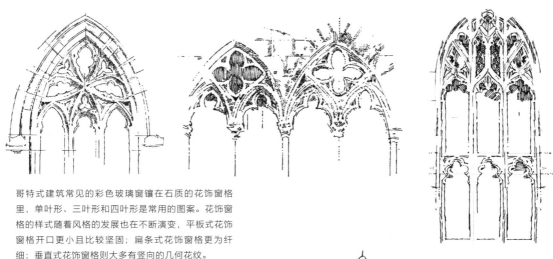

哥特式建筑常见的彩色玻璃窗镶在石质的花饰窗格里，单叶形、三叶形和四叶形是常用的图案。花饰窗格的样式随着风格的发展也在不断演变，平板式花饰窗格开口更小且比较坚固；扁条式花饰窗格更为纤细；垂直式花饰窗格则大多有竖向的几何花纹。

圣十字教堂，施瓦本格明德，德国，1315—1521 年，建筑师：老海因里希·帕尔勒

教堂北侧半圆形后殿处的诗班席是晚期哥特式建筑石刻艺术的杰作，上面的装饰由德国著名的哥特式建筑师家族设计，包括精巧华丽的扁条式花饰窗格、四叶饰栏杆和小尖塔。

奥尔维耶托主教座堂，奥尔维耶托，翁布里亚，意大利，1290—1591年，建筑师：阿诺尔夫·迪·坎比奥和洛伦佐·马伊塔尼

这座教堂优美对称的主立面由马伊塔尼设计，但其他的细节则出自他人之手，例如玫瑰彩窗由建筑师和雕塑家奥尔卡尼亚设计。主立面分为三部分，每一层都具有丰富的金质马赛克装饰。玫瑰彩窗周围是一圈壁龛，内有雕像，顶部则是有马赛克装饰的山墙和高耸的小尖塔。

市政厅，绍滕，黑森，德国，15世纪

这座晚期哥特式市政厅为半露木结构。这种结构以木框架为骨，架间填充砖、抹灰篱笆墙或熟石膏。这类结构通常用橡木方材搭框架，第二层略微向外倾斜以平衡上方的承重需求。图中可以看到裸露在外的斜撑构件，这是德国半露木房屋的典型特征。

国王学院礼拜堂，剑桥，英格兰，1446—1515 年

国王学院礼拜堂有着优美的扇形拱顶，完美展现了这类拱顶复杂的几何构造。拱顶上有多个半圆锥体，每个半圆锥体包含数条拱肋，它们从同一点生发，并以等距、等曲度发散。

圣母玛利亚教堂，泰尔蒂，埃塞克斯，英格兰，13 世纪

圣母玛利亚教堂是一座教区教堂，以东侧窗户上精美的花饰窗格著称。教堂大部建于 13 世纪，但从其不规整的外表也能看出，它后续又在不同年代经历了多次施工。教堂较高大的部分用当地石材建成，并用扶壁结构提供额外的支撑。

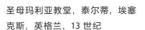

**巴黎圣母院北侧玫瑰彩窗，巴黎，法国，
1163—1345 年**

石造花饰窗格工艺渐臻成熟后，玫瑰彩窗也随之流行
开来。玫瑰彩窗的图案呈放射状，精巧的花饰窗格为
铅框彩色玻璃提供支撑。

**布洛克瑟姆圣母堂，
布洛克瑟姆，英格兰，
12—14 世纪**

图中所示为圣母堂中四个带
卷叶饰的小尖顶之一，它们
位于方形塔楼的四角，中间
是锥形塔尖。

**米兰大教堂，米兰，意大利，
1386—1965 年，建筑师：西莫内·
达·奥尔赛尼戈**

米兰大教堂内有五条通道，中间
的为内殿，两侧各列有两条侧廊，
直接对应了其立面的布局。雕饰
精美、起伏错落的立面共有 3400
座雕像、700 尊人像和 135 个滴水
兽。屋顶处密密麻麻地排列着的
透雕的小尖塔是这座教堂的独特
之处，仔细观察还可以发现，这
些有着卷叶饰的小尖塔上立有圣
徒雕像。米兰大教堂历时数个世
纪才完工，有超过 77 名建筑师参
与了设计和施工。

中世纪防御工事

11 世纪晚期—16 世纪

以防御为功能，中世纪防御工事的最初目的是保护贵族免受劫掠者的侵扰。早期的防御工事由主堡和城堡外庭构成，主堡是建在土丘上的坚固塔楼，外庭则是城墙围起的一片开阔空间。主堡是最后的防线，因此通常是最牢固的建筑。随着不同武器装备的发展，这些防御工事的性质和功能也在不断变化。以主堡为单一核心的结构开始转变，城墙得到了优化，中世纪防御工事的形式也随之演变。同心结构的城堡发展出了同心城墙（至少有外低内高的两层）、圆形的瞭望塔、多处门楼，以及护城河和吊桥等特征。中世纪防御工事也包括环绕整座城市的城墙。类似的防御工事在世界各地都有建造，例如中国、英国、加拿大和克罗地亚。

主要特征：

- 厚实的防御墙
- 窄小的窗口
- 城垛或有垛口的护墙
- 棱堡
- 塔楼
- 门楼
- 护城河
- 主堡
- 箭孔

塞哥维亚城堡，塞哥维亚，西班牙，13—14 世纪

塞哥维亚城堡位于两河交汇处的岩石峭壁上，这里原本是一座古罗马堡垒，现在仅有地基部分存留。城堡外形如同一艘大船的船头。独特的细长塔尖是后来为呼应欧洲其他城堡而加盖的。

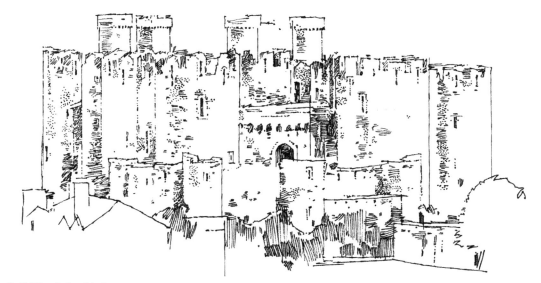

康威城堡，康威，威尔士，1283—1289 年

康威城堡建在康威河畔的山顶，和环绕康威城的城墙一起组成庞大的防御体系。康威城堡呈长方形，共有八座高大的塔楼和两座外堡，其中一处朝向海面的后门使货物可通过水路进入。外墙上可见保存完好的突堞，它们是从墙体伸出的托臂上的开口，可以用于向入侵者泼洒开水或滚油。

林迪斯法恩城堡，林迪斯法恩，英格兰，1550 年

修建这座城堡的石料来自附近一间废弃的修道院。城堡位于圣岛的最高处，通往这座潮汐岛的道路在涨潮期间会被完全淹没，形成了天然的防御。圣岛以林迪斯法恩福音书闻名，这套福音书是成书于 8 世纪的泥金装饰手抄本，包含了马太、马可、路加和约翰福音。

拉莫塔城堡，梅迪纳－德尔坎波，西班牙，14—15世纪

"莫塔"意为山坡，指城堡建在山坡上。这座城堡因其庞大的外堡著称。外堡指防御性的门楼，或者是大门或防御墙上的塔楼。由于直角更难防御，拉莫塔城堡的外堡呈圆柱形。

卡尔卡松城，卡尔卡松，法国

这座中世纪堡垒城市从3世纪起便有人居住，具有长达3.2千米的双层城墙，内外共有52座防御塔。11世纪后城堡曾经过多次大规模扩建，其中19世纪时由欧仁·维欧勒·勒·杜克主持的修复工程饱受争议。

右图：卡尔卡松城堡的城门也具有防御的构件，如图中展示出的射箭孔。

弗拉姆灵厄姆城堡，弗拉姆灵厄姆，英格兰，12—13 世纪

早在 12 世纪时，此处便已有一座土丘-外庭式的城堡。土丘是一处
高地，顶部通常修建主堡，外庭则是紧邻主堡的一片防御性的封闭堡
场。现在的城堡建于 12 世纪末至 13 世纪初，其独特之处在于没有主
堡，只有一圈城墙和与城墙一体的多座方形壁塔。

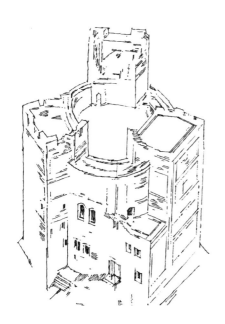

**奥福德城堡主堡，奥福德，英格兰，
1165—1173 年**

这座主堡的设计别具一格，总体
为圆柱形，附有三座方形塔楼。
塔楼的建造比例和同时期英格兰
教堂常用的比例相同，为 $1 : \sqrt{2}$。

**海丁厄姆城堡主堡，海丁厄姆城堡，
英格兰，1140 年**

这座主堡的平面接近正方形，是一
座典型的诺曼式城堡主堡。主堡内
有五层，大厅高两层，其中一座角
落的塔楼内还有螺旋楼梯。

博迪亚姆城堡，罗伯茨布里奇，英格兰，1385 年

这座城堡是一座四方形城堡，有护城河但没有主堡。大量房间沿着城墙和内廷修建，正中则为庭院。

加的夫城堡，加的夫，威尔士，11 世纪晚期

加的夫城堡修建在古罗马城墙遗址上，是诺曼人向西进入威尔士时修建的防御工事。城堡在建成后的几百年间有过数次改建和扩建，最大规模的一次是 18 世纪时将城堡改为哥特复兴式。城堡的城墙内也可居住，第二次世界大战期间，这里被用作防空洞，曾容纳 1800 人。

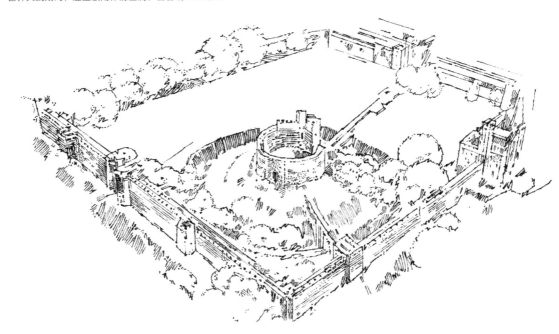

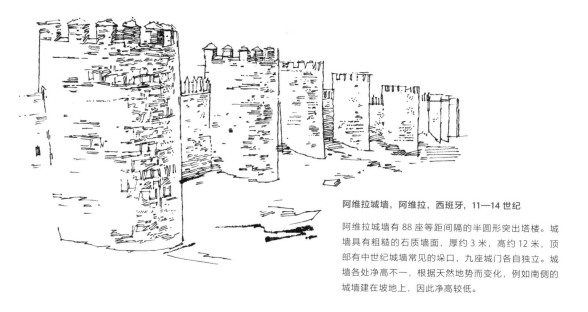

阿维拉城墙，阿维拉，西班牙，11—14 世纪

阿维拉城墙有 88 座等间隔的半圆形突出塔楼。城墙具有粗糙的石质墙面，厚约 3 米，高约 12 米，顶部有中世纪城墙常见的垛口，九座城门各自独立。城墙各处净高不一，根据天然地势而变化，例如南侧的城墙建在坡地上，因此净高较低。

普雷贾马城堡，普雷贾马，斯洛文尼亚，1570 年

普雷贾马城堡是世界上最大的洞窟城堡，建在 122 米高的峭壁中，位于其中世纪原址的下方。城堡内有秘密通道穿过山洞通往外界，使堡主家人即使受围困也不会有性命之忧。

文艺复兴建筑

15—17 世纪

随着文艺复兴（原义为"重生"）的出现，回归古典时期的文学、艺术和建筑等文化运动也相应产生。建筑方面的文艺复兴理念首次出现于莱昂·巴蒂斯塔·阿尔贝蒂的著作《论建筑》中，这部著作也成了建筑领域的文艺复兴运动的权威参考。文艺复兴运动认为建筑不仅仅是具有实用价值的物体，还是承载人文主义理念的艺术作品。这种风格在欧洲大陆和英国广泛传播，尤其兴盛于意大利，注重古希腊和古罗马建筑中的比例、对称和常规构件的重复。文艺复兴建筑不仅是对古典建筑形式有意识的再造，也和当时的建筑理想的原则相结合。

主要特征：
- 古典文艺的复兴
- 比例
- 秩序
- 集中式和巴西利卡式
- 古希腊和古罗马建筑形式的复兴
- 对古典理念的推崇
- 屋顶边缘精巧的装饰

黄金宫，威尼斯，意大利，1428—1430 年，建筑师：乔瓦尼和巴托洛梅奥·邦

黄金宫是一座威尼斯宫殿，主立面呈部分对称，并分为三层：第一层为券柱凉廊，中间有一大圆拱，两侧为尖拱；第二层是带栏杆的露台，连拱上方有四叶饰；第三层也是露台，但按比例进行了缩小。黄金宫兼用了哥特式、伊斯兰式和拜占庭式的元素，是威尼斯文艺复兴早期的过渡阶段的独特建筑。

美第奇宫,佛罗伦萨,意大利,1444—1460 年,
建筑师:米开罗佐·迪·巴托洛梅奥

宫殿立面分为经典的三部分:底层以粗琢石砌成,上
两层的石料则越来越细腻平整。屋顶有着宽阔的檐
口,以悬垂的托臂支撑,在视觉上平衡厚重的建筑底
层。由下往上的墙面石材的精细程度的变化不仅强调
了各层的关系,也因视觉上的拉伸效果使建筑显得更
为宏伟。

圣马可大会堂,威尼斯,意大利,1260 年,建筑师:
彼得罗·隆巴尔多、毛罗·科杜奇和巴托洛梅奥·邦

大会堂宏伟的立面顶部有一排精美绝伦的壁龛装饰,
是文艺复兴时期大理石建筑的瑰宝。底层的大理石
雕刻更是暗藏玄机,图中底层的拱门和门洞中,仅有
涂黑的两座是真正的门,其余几处皆为视觉陷阱,而
不是有纵深的三维空间。视觉陷阱是一种在平面上呈
现三维的效果的艺术技法。文艺复兴时期,对现实主
义的追求使得越来越多的艺术家开始采用透视法进行
绘画。

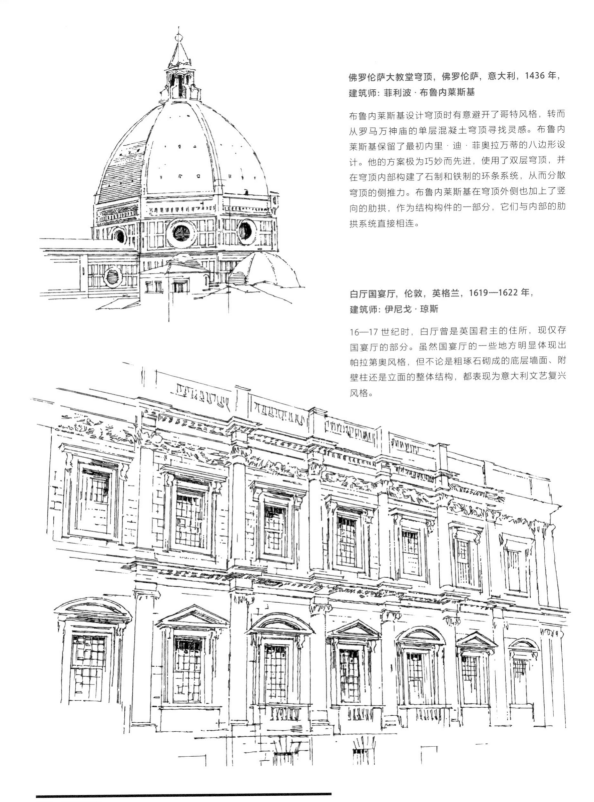

佛罗伦萨大教堂穹顶，佛罗伦萨，意大利，1436 年，建筑师：菲利波·布鲁内莱斯基

布鲁内莱斯基设计穹顶时有意避开了哥特风格，转而从罗马万神庙的单层混凝土穹顶寻找灵感。布鲁内莱斯基保留了最初内里·迪·菲奥拉万蒂的八边形设计。他的方案极为巧妙而先进，使用了双层穹顶，并在穹顶内部构建了石制和铁制的环条系统，从而分散穹顶的侧推力。布鲁内莱斯基在穹顶外侧也加上了竖向的肋拱，作为结构构件的一部分，它们与内部的肋拱系统直接相连。

白厅国宴厅，伦敦，英格兰，1619—1622 年，建筑师：伊尼戈·琼斯

16—17 世纪时，白厅曾是英国君主的住所，现仅存国宴厅的部分。虽然国宴厅的一些地方明显体现出帕拉第奥风格，但不论是粗琢石砌成的底层墙面、附壁柱还是立面的整体结构，都表现为意大利文艺复兴风格。

**布卢瓦城堡，布卢瓦，卢瓦尔-谢尔省，法国，
13—17 世纪**

布卢瓦城堡中这座多边形的仪式用楼梯看起来既轻盈
又庄重。楼梯各层的栏杆雕琢精美且不尽相同，雕
像、贝壳雕饰、圆盘饰和古典风格图案等时髦的文艺
复兴风格装饰遍布其上。楼梯半露在建筑外，到访者
拾级而上时，眼前的景致也变化无穷。

朗贝尔蒂塔，维罗纳，意大利，1172 年

朗贝尔蒂塔高 84 米，始建于 1172 年，1403 年因被
闪电击中而坍塌。其重建工程开始于 1448 年，并于
1463 年完工。上面的钟表添加于 1798 年。这座塔由
两部分组成，顶部为八边形，风格接近威尼斯的塔
楼；主体则为正方形。这座塔的中部因不同的建筑
材料而形成了一条明显的分界线：其下混用砖和凝灰
岩，其上则仅用砖。

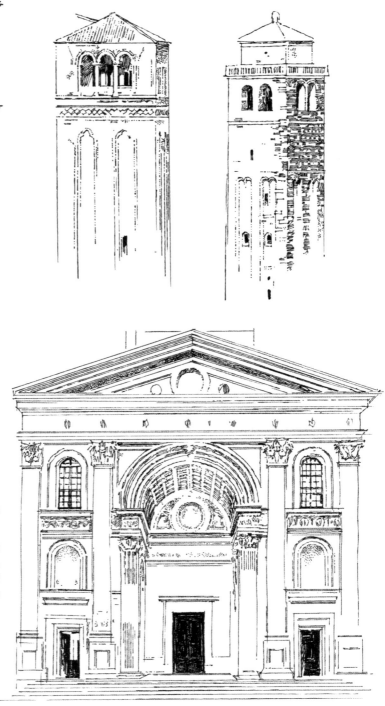

图示三座威尼斯钟塔均以砖为建造材料，呈四方形且有金字塔形屋顶，体现出典型的文艺复兴风格。

圣安德烈亚教堂，曼托瓦，意大利，1472—1790年，建筑师：莱昂·巴蒂斯塔·阿尔贝蒂

这座教堂的外立面上有着巨大的拱顶结构，和内部结构相呼应。内殿中心处的筒形拱顶与外立面的拱顶相似，借鉴了凯旋门的造型。

坦比哀多礼拜堂，金山圣彼得堂，罗马，意大利，1502 年，建筑师：多纳托·布拉曼特

"坦比哀多"（Tempietto）意为"小教堂"，实际上是一座纪念性礼拜堂，周围是狭窄的庭院。这座礼拜堂是文艺复兴全盛时期的代表，有一圈纤长的托斯卡纳式立柱，配以圆形的多立克式檐部。小教堂上面是比例完美的穹顶和小圆顶。

尚博尔城堡，尚博尔，卢瓦尔-谢尔省，法国，1519—1547 年，建筑师：多梅尼科·达·科尔托纳

尚博尔城堡是一座法国文艺复兴建筑，布局上集合了法国和意大利将房间组合成大套间的风格。尚博尔城堡按城堡规制修建，有着巨大的外墙和中央庭院，但并不具有任何防御功能。屋顶上各式各样的烟囱和小尖塔高低错落，与厚重庞大的建筑主体形成对比。

矫饰主义

16 世纪早期—17 世纪早期

矫饰主义是对文艺复兴时期的古典建筑的严格规范的回应，使建筑师在新作品中得以追求更多艺术表达的自由。这些建筑实验通过调整或扭曲建筑的比例、节奏和秩序，打破了古典主义的常规。矫饰主义的建筑师有意制造比例和空间关系上的错乱，以挑战人们对其作品的预期。

主要特征：

- 视错觉
- 扭曲的比例
- 古典元素的创新运用
- 不同于传统的建筑节奏
- 对虚与实的强调

圣乔治马焦雷教堂，威尼斯，意大利，1566—1610 年，建筑师：安德烈亚·帕拉第奥

教堂主立面以白色大理石砌成，有山花和四根混合式巨柱，为矫饰主义风格。教堂内部为传统的基督教堂布局，有高耸的内殿和两条侧廊。帕拉第奥希望将立面与内殿相匹配，于是融合了两种神庙立面：一个又高又细，另一个又矮又宽。两种立面叠套，底层的山花由此被割裂。

耶稣会教堂，罗马，意大利，
1568—1580 年，建筑师：贾科莫·
巴罗齐·达·维尼奥拉和贾科莫·
德拉·波尔塔

德拉·波尔塔设计的教堂立面打
破了古典规范的秩序和比例。立
面分上下两部分，由两侧向上舒
展的涡卷饰连接。立面正中有一
处圆形套三角形的双层山花，仿
佛是上下两部分的交叠。

圣约翰副主教座堂，瓦莱塔，马
耳他，1572—1577 年，建筑师：
吉罗拉莫·卡萨尔

教堂有着矫饰主义的立面，门口
的白色大石柱支撑着演讲露台，
柱子两侧是中空的壁龛。整座建
筑显得十分简朴，如同一座堡垒。

慈悲堂，滕图加尔，科英布拉，葡萄牙，16 世纪，建筑师：托梅·韦略和弗朗西斯科·罗德里格斯

这座 16 世纪教堂的立面被归为矫饰主义，其最为突出的特征是中线的处理。细长且有雕刻的大门向上冲破屋檐，将屋顶劈成两半，如同一堵被割裂的山墙。

法尔内塞别墅，拉齐奥，意大利，
1515—1573 年，建筑师：小安东尼奥·达·桑加罗、贾科莫·巴罗齐·达·维尼奥拉和巴尔达萨雷·佩鲁齐

别墅起初被设计成五边形堡垒式结构，其中一些设计得以保留，尤其是底层每个角上突出的结构。外立面的比例关系有意区别于文艺复兴时期的样式，主厅有两层拱窗，上面三层则开有小窗。

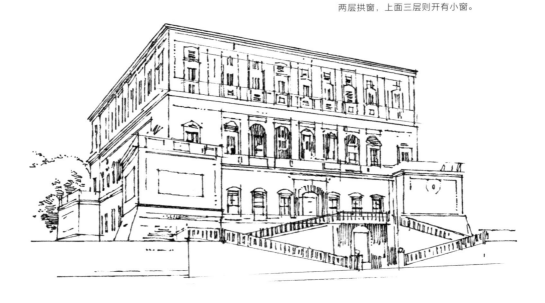

庇亚门内侧，罗马，意大利，1561—1565 年，
建筑师：米开朗基罗

庇亚门是罗马奥勒良城墙上的城门，朝向城内的立面
混合了大量元素，蔚为壮观。造型夸张的雉堞、支离
破碎的柱式、粗琢石、垂花饰、山花、层层嵌套的结
构……这座城门的元素堆叠是对古典建筑秩序的大胆
反抗。

施洗圣约翰教堂，里窝那，托斯卡
纳大区，意大利，1624 年，建筑师：
乔瓦尼·弗朗切斯科·坎塔加利纳

这座教堂外立面组合了多种元素，
挑战着古典建筑元素的常规。正
面的椭圆形窗口深入墙体内，且
增加了正方形外框。雕琢精美的
大理石大门与仅有薄壁柱装饰的
平整墙面对比鲜明。此外，教堂
顶部的圆形山墙饰面高高突起，
十分独特。

3

巴洛克到新艺术运动

巴洛克和洛可可

17 世纪—18 世纪晚期

　　欧洲宗教改革后，新教主张简洁的建筑理念，而使用曲线元素、形式清晰且夸张的巴洛克风格正是对此的直接回应。罗马教廷大力支持这种装饰丰富的风格的发展，希望为天主教注入活力，从而促进其传播发展。巴洛克建筑具有奢华的装饰、丰富的光影效果和经过夸张装饰的内部空间。"巴洛克"一词的词源尚无定论，可能来自葡萄牙语、西班牙语或是意大利语，但皆意为"不规则的珍珠"，最初用于批判该风格使用了过多的建筑装饰。

　　洛可可风格由巴洛克风格发展而成，但更为繁丽，将巴洛克风格中最华美的元素以镀金和增加外壳进行强调，极尽奢华之感。"洛可可"一词源于法语"rocaille"，原指人造洞窟中大量的贝壳抹面的装饰。洛可可风格的过度奢华也为新古典主义的简约奠定了基础。

主要特征：

- 生动的曲线形状
- 表面凹凸起伏
- 富丽堂皇
- 华丽的楼梯
- 椭圆形的平面布局和装饰
- 戏剧性的光影对比
- 有着视觉陷阱效果的内饰
- 成组的柱子和壁龛
- 卷曲图案
- 遍施装饰的墙面
- 镀金处理，洛可可风格中尤盛

特雷维喷泉，罗马，意大利，1732—1762 年，建筑师：尼古拉·萨尔维和朱塞佩·帕尼尼等

这座喷泉是公认的巴洛克晚期杰作，中央的海神雕塑出自彼得罗·布拉奇，一处有凹格装饰的半穹顶衬托其后。喷泉后侧的立面上，科林斯式柱和壁柱搭配组合，顶部则是巴洛克风格的栏杆。

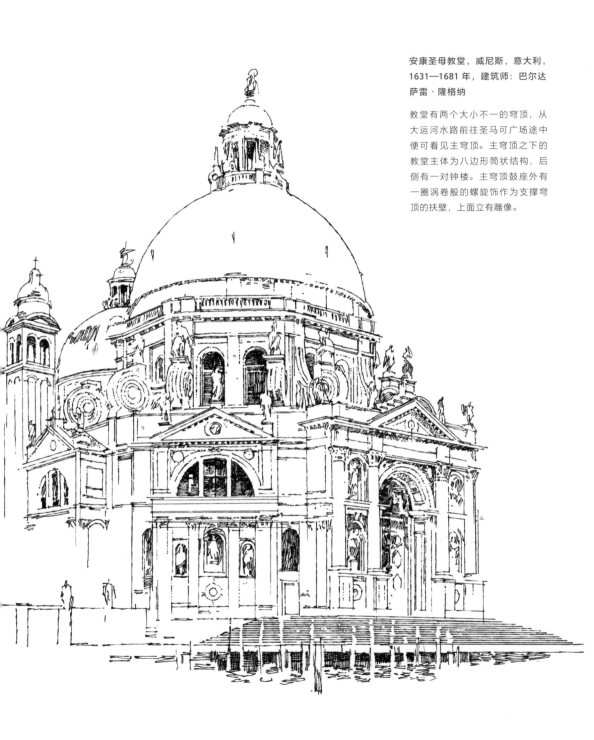

安康圣母教堂，威尼斯，意大利，
1631—1681 年，建筑师：巴尔达
萨雷·隆格纳

教堂有两个大小不一的穹顶，从
大运河水路前往圣马可广场途中
便可看见主穹顶。主穹顶之下的
教堂主体为八边形筒状结构，后
侧有一对钟楼。主穹顶鼓座外有
一圈涡卷般的螺旋饰作为支撑穹
顶的扶壁，上面立有雕像。

四喷泉圣卡罗教堂，罗马，
意大利，1638—1641 年，
建筑师：弗朗切斯科·波洛米尼

教堂立面凹凸起伏，在体量上形
成对比的立柱进一步加强了这种
起伏感。两个天使托举起屋檐处
垂悬着的椭圆盘饰，上面原有彼
得罗·贾尔古齐所作的湿壁画。

山上仁慈耶稣朝圣所的巴洛克阶
梯，布拉加，葡萄牙，1781 年

这座壮观的巴洛克阶梯呈之字形
排布，分作三段并建于不同时期，
每段阶梯均有各自的梯顶平台。
阶梯侧面的矮墙用撞色石材砌出
边缘，再加以小尖塔和雕像装饰。

马特乌斯宫，雷阿尔城，葡萄牙，
1739—1743 年，
建筑师：尼古拉·纳索尼

这座葡萄牙巴洛克宫殿的入口左右对称，位于一座由低矮栏杆围起的庭院之中。通往入口的楼梯向两侧分开，大门的上方是装饰性的山花，山花两侧的栏杆上立着一对守卫雕像。

奎里纳尔山圣安德烈亚教堂，
罗马，意大利，1658—1670 年，
建筑师：吉安·洛伦佐·贝尼尼
和乔瓦尼·德·罗西

教堂的门廊由数级台阶和由两根爱奥尼式石柱支撑的半圆形顶组成。主立面两侧是科林斯式壁柱，巨大的山花位于其上。教堂为椭圆形，短轴的一端是大门，另一端则是祭坛，因此人们一进入教堂便可到达中心区域。进入教堂所见之物的次序强调了这处空间的戏剧感。

拉斐特之家城堡，巴黎附近，
法国，1630—1631 年，
建筑师：弗朗索瓦·芒萨尔

这座城堡是法国巴洛克建筑的代
表之作。城堡有前花园和大片园
林，沿中轴对称的大道直抵邻近
的村庄和河流。

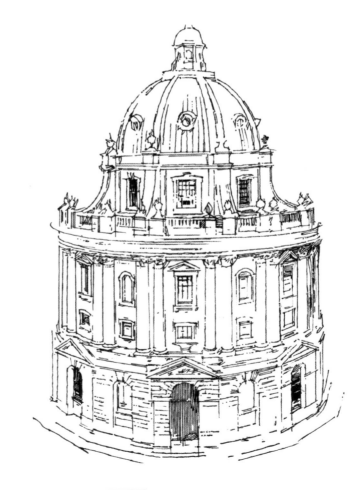

拉德克里夫图书馆，牛津，
英格兰，1737—1749 年，
建筑师：詹姆斯·吉布斯

拉德克里夫图书馆是一座具有帕
拉第奥风格的英国巴洛克建筑，
有英格兰第三大的穹顶，并且是
英格兰最古老的圆形图书馆。

圣保罗大教堂，伦敦，英格兰，
1675—1711 年，
建筑师：克里斯托弗·雷恩爵士

圣保罗大教堂高大宏伟，是英国
巴洛克建筑中的杰作，在 1963 年
以前一直是伦敦最高的建筑。教
堂壮观的大穹顶其实有内外两
层，内层和教堂内部结构协调连
贯，外层则立于教堂外由立柱和
壁龛连成的鼓座上。两层穹顶之
间还有一层砖砌的锥形结构，负
责承重。

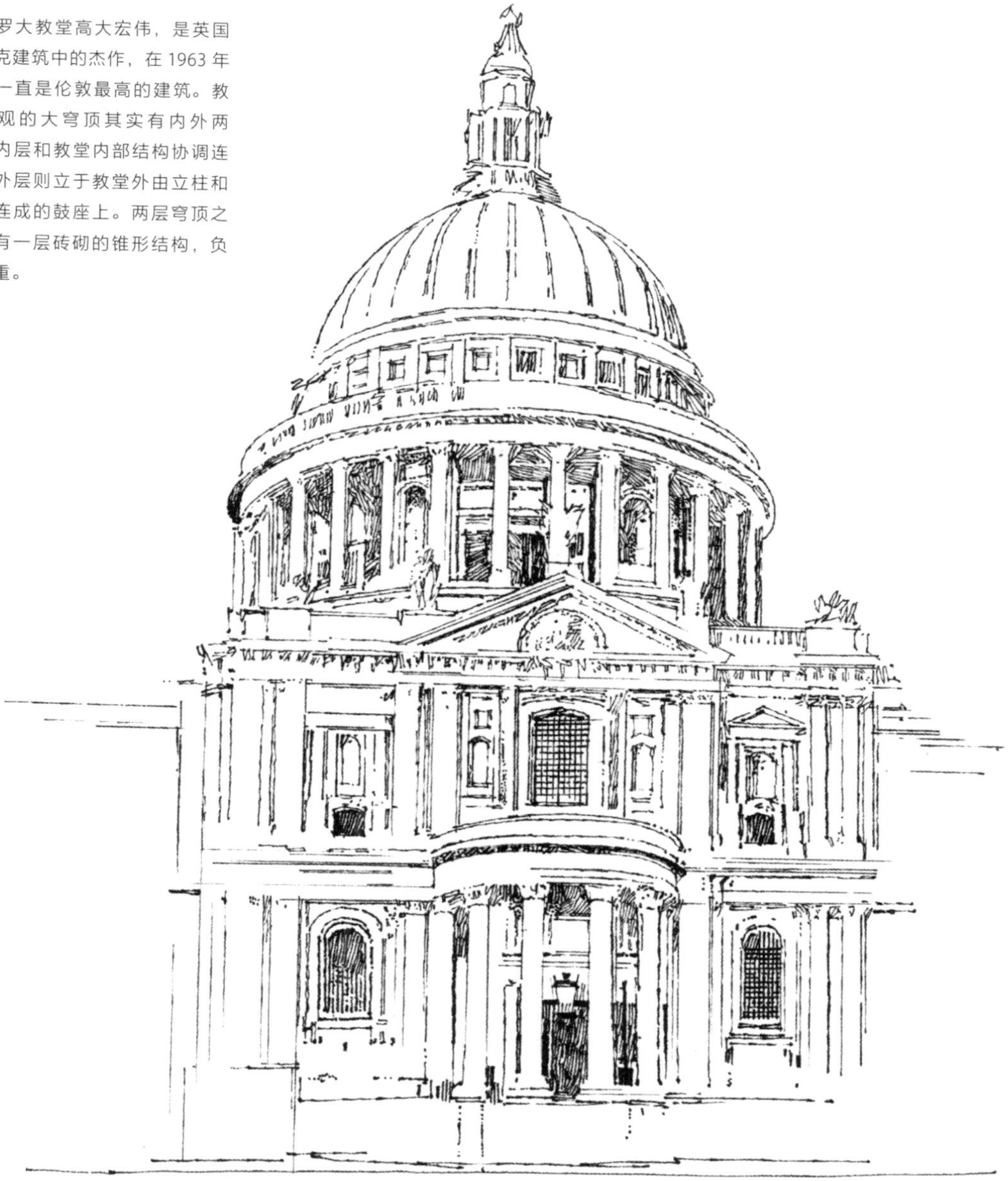

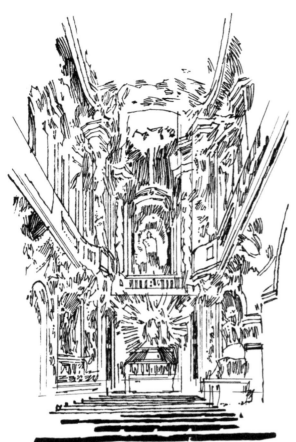

内波穆克圣约翰教堂，慕尼黑，德国，
1733—1746 年，建筑师：科斯马斯·达米安·阿萨
姆和埃吉德·奎林·阿萨姆

这座教堂是巴伐利亚洛可可建筑最辉煌的成就之一。
光线和装饰的变化将教堂内部空间分为三段，从昏暗
的低处过渡到光亮明朗的天顶湿壁画。

圣苏珊娜教堂，罗马，意大利，1585—1603 年，
建筑师：卡洛·马代尔诺

教堂巴洛克风格的主立面因显得比实际更高而著名，
这是因为上下对齐的科林斯式立柱、竖向的壁龛和向
上伸往山花的涡卷饰都在视觉上拉长了建筑。

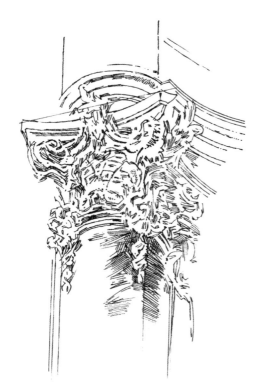

恩格尔斯泽尔修道院柱头，多瑙河畔恩格尔哈茨采尔附近，奥地利，1754—1764 年

这个混合式柱头位于教堂内部，为洛可可风格且极具装饰性。

海尔布陵屋装饰构件，因斯布鲁克，奥地利，1732 年，建筑师：安东·吉格尔

建筑立面精致华丽，为巴洛克风格，18 世纪增添了洛可可风格的石膏花装饰。

无忧宫花园中国楼，波茨坦，德国，1755—1764 年，建筑师：约翰·戈特弗里德·布林

中国楼是无忧宫花园中的一座中国风亭子，它融合了传统中国建筑风格和洛可可元素。亭子的布局为三叶形，有着表面镀金、装饰精美的柱子和铜质屋顶，屋顶上是带一圈椭圆窗的圆顶。

帕拉第奥风格

18 世纪—19 世纪早期

帕拉第奥风格建筑深受 16 世纪威尼斯建筑师安德烈亚·帕拉第奥的影响，其灵感来自古典建筑形制，注重对称和严格的比例与规则。帕拉第奥重新将古典建筑用于当时的实践之中，并于 1570 年出版了记录这些理念的专著《建筑四书》。伊尼戈·琼斯在 17 世纪初多次造访意大利，将帕拉第奥风格引进英格兰，这一风格最终在英格兰、威尔士、苏格兰、爱尔兰和北美地区发展流行。

主要特征：

- 严格的比例关系
- 对称
- 古典建筑形制
- 简朴的外表
- 少量装饰
- 神庙式主立面

帕拉第奥桥，普赖尔公园，巴斯，英格兰，1755 年，建筑师：理查德·琼斯

帕拉第奥桥是公园里最主要的观光点。桥的两端为三面拱门，每处拱门上都有山花。桥拱用粗琢石砌成，边沿的栏杆之上立有爱奥尼式立柱。

奇西克住宅，伦敦，英格兰，1726—1729 年，建筑师：理查德·博伊尔和威廉·肯特

奇西克住宅有着简洁对称的结构，借鉴了帕拉第奥设计的圆厅别墅和其他在罗马的建筑。这座宅邸的独特性体现于斜度较大的八边形穹顶、粗琢石台基上的门廊处的六根科林斯式柱、帕拉第奥式窗户和大门两侧的楼梯。

斯托花园帕拉第奥桥，斯托，英格兰，1738 年，建筑师：詹姆斯·吉布斯

从图中可以看到，桥的入口两旁有栏杆，拱门用雕刻的人像面部作为拱顶石，拱券之上还装饰有山花。

斯托宅邸，斯托，英格兰，1677—1779 年

这是宅邸的北立面，前面有一片草地，一段经改良的宽阔的台阶通往大门处。这处立面和其他立面一样装饰简洁、基本对称。门廊由四根爱奥尼式立柱和两根爱奥尼式壁柱支撑，除山花内饰面边缘的齿状线脚外几乎没有装饰。自 1779 年建成以来，这处宅邸的外观未经太大改动。

梅里沃思城堡，肯特，英格兰，1723—1725 年，建筑师：科伦·坎贝尔

这座建筑展现了严格的空间的对称关系。从任一门廊进入建筑，经过中央穹顶下的空间，都会从对侧的门廊穿出。

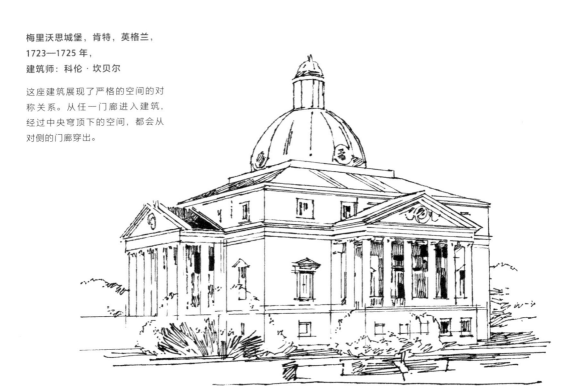

霍尔本博物馆，巴斯，英格兰，1796—1799 年，建筑师：查尔斯·哈考特·马斯特斯

博物馆的入口位于附属花园的中轴线上，但并未设立在门廊处，而是位于门廊底部的三座拱门之内。门廊仅作为入口的标示，是建筑主厅的空间延伸。

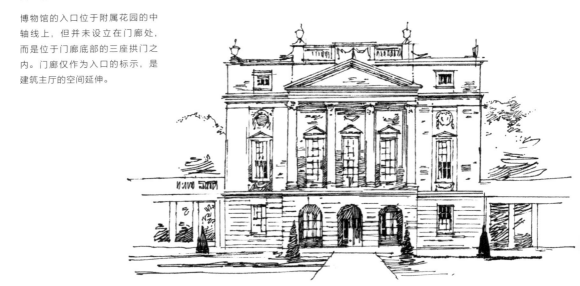

柏林国家歌剧院，柏林，德国，1741—1843 年，
建筑师：格奥尔格·文策斯劳斯·冯·克诺贝尔斯多夫、
卡尔·戈特哈德·朗汉斯和卡尔·费迪南德·朗汉斯

分至两侧的楼梯是帕拉第奥风格建筑的常见的构造，登上
楼梯进入门廊处的入口，再通过侧边的入口方可进入歌剧
院。门廊上方的山花内有石刻，三边饰有齿状线脚，顶端
和两角立有雕像。

旺斯特德宅邸，伦敦，英格兰，1715—1722 年（于
1825 年拆除），建筑师：科伦·坎贝尔

从图中可以看出，这座宅邸有典型的帕拉第奥建筑的
对称和规则造型。建筑正面是神庙式的，分体式之字
形楼梯与抬高的门廊相连。

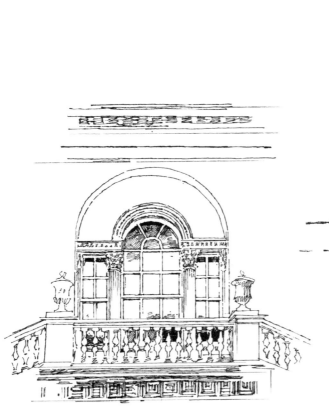

伊莱尔别墅凉亭，波茨坦，德国，1844—1846 年，
建筑师：路德维希·珀尔修斯和路德维希·费迪南
德·黑塞

这座小亭子有四根科林斯式柱，上有造型简洁的檐部
和山花。低处的扶手上装饰有浅浮雕石板。

帕拉第奥窗，奇西克住宅，伦敦，英格兰，1726—1729
年，建筑师：理查德·博伊尔和威廉·肯特

帕拉第奥窗是一种三分式窗，中间的窗较大，顶部为拱
形；两侧的窗则较窄，顶部通常有一块平直的过梁。

霍尔克姆厅，霍尔克姆，英格兰，1734—1764 年，
建筑师：托马斯·科克、马修·布雷廷厄姆和威
廉·肯特

这座乡间别墅在立面和平面布局上均完全对称。建筑
的中心区域为数个大房间，四栋构造一致且对称的翼
楼位于四角。

凯德尔斯顿厅，凯德尔斯顿，英格兰，1759—1765年，建筑师：詹姆斯·佩因、马修·布雷廷厄姆和罗伯特·亚当

图示表现的南立面由罗伯特·亚当设计，参考了罗马的君士坦丁凯旋门。四根科林斯式附壁柱分列大门两侧，每根柱子顶部有一尊雕像和作为护墙的装饰檐口。凯德尔斯顿厅北侧的主立面有门廊和带有雕像的山花，是纯粹的帕拉第奥风格。

霍顿厅，霍顿，英格兰，1722—1729年，建筑师：科伦·坎贝尔、詹姆斯·吉布斯和威廉·肯特

这是一座气派的乡间别墅，大门开在二楼，但不同寻常的是门外没有门廊，只是用薄薄的山花和附壁柱标示入口。门前的露台代替了门廊，两端有一对对称的直楼梯，楼梯末端处的墙上有一对典型的帕拉第奥风格的窗户。

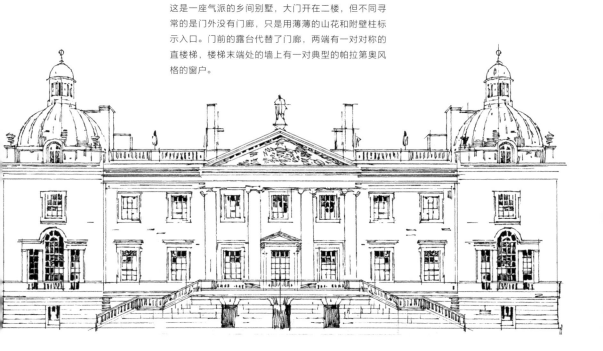

乔治亚风格

1714—1830 年

乔治亚风格主要流行于英语国家，是一种强调对称、比例和平衡的建筑风格。其装饰元素主要取自古罗马和古希腊建筑，但装饰通常很少，有时建筑外表的装饰几乎不可见。这一风格得名于该时期英国汉诺威王朝的四位君主：乔治一世、乔治二世、乔治三世和乔治四世。在此期间，不论是住宅、公共建筑还是教堂，都受到该风格的影响。连栋房屋也在这一时期兴盛起来，与当时经济的繁荣不无关系。

主要特征：

- 轴对称
- 对称立面
- 平坦、有阶梯的立面
- 城镇中的连栋房屋
- 极少装饰
- 垂直推拉窗
- 古典比例
- 砖石建造，多有隅石

贝德福德广场，伦敦，英格兰，1775—1783 年，
建筑师：托马斯·莱弗顿

这是一幢早期乔治亚风格的连栋房屋，每栋房屋的立面相同且风格简朴。石块砌成的拱门标示着每处房屋的独立入口。与图中所示一样，这类连栋房屋通常高三层。

圣乔治教堂，布卢姆斯伯里，英格兰，1716—1731
年，建筑师：尼古拉斯·霍克斯莫尔

在教堂塔楼的阶梯状的塔尖上矗立着一尊身着古罗马
服饰的乔治一世立像——没有什么比这更能宣示教堂
所属的时代了。更为风趣的是，霍克斯莫尔在塔尖基
部的四角处加上了两只狮子和两只独角兽[1]，不过它们
并没有摆出庄严的姿势，而是在玩耍嬉闹。

1. 英国国徽上的动物，狮子代表英格兰，独角兽代表苏格
兰。——译者注

阿普斯利宅邸，伦敦，英格兰，
1771—1778 年，
建筑师：罗伯特·亚当

这栋宅邸原本用红砖建成，建筑
师本杰明·迪安·怀亚特在 1819
年用巴斯岩给建筑贴面，并加盖
了山花。门廊的进深很浅，由山
花和四根科林斯式立柱构成。宅
邸的立面十分平整，垂直推拉窗
周围没有任何装饰。建筑两翼呈
阶梯状向后延伸，每个转角上都
装饰有科林斯式壁柱。

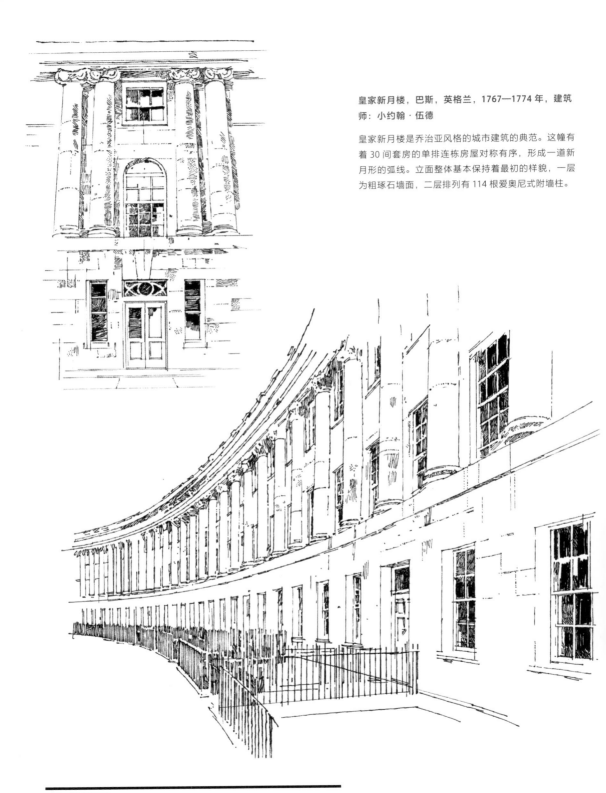

皇家新月楼，巴斯，英格兰，1767—1774年，建筑师：小约翰·伍德

皇家新月楼是乔治亚风格的城市建筑的典范。这幢有着30间套房的单排连栋房屋对称有序，形成一道新月形的弧线。立面整体基本保持着最初的样貌，一层为粗琢石墙面，二层排列有114根爱奥尼式附墙柱。

卡莱尔宅邸，亚历山德里亚，弗吉尼亚州，美国，
1751—1753 年，建筑师：约翰·卡莱尔

宅邸的门洞以粗石块围成，门的上方有一扇半圆形气
窗，用于通风和保证室内的隐私，气窗顶部有一块加
大的拱顶石。

艾萨克·米森宅邸，邓巴镇，宾夕法尼亚州，美国，
1802 年，建筑师：艾萨克·米森和亚当·威尔逊

艾萨克·米森宅邸是典型的美国乔治亚风格建筑。宅
邸立面整体较为平整，主要由砂岩筑成，边缘处为方
石。对称的山花下是宅邸中间的大门，中央立面的两
侧均有对称分布的单层侧翼。

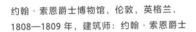

约翰·索恩爵士博物馆，伦敦，英格兰，1808—1809 年，建筑师：约翰·索恩爵士

索恩将三套毗邻的房屋连接起来，原本设计成自己的住宅，现已成为博物馆。作为一位建筑学教授，索恩以对光线的创新利用和对古典建筑元素的实验而著称。他在 1812 年加盖了向外突出的石质立面，结构对称且装饰简洁。

基督教堂，斯皮塔佛德，伦敦，英格兰，1714—1729 年，建筑师：尼古拉斯·霍克斯莫尔

教堂入口的拱顶门廊十分引人注目，门廊由四根叠立在巨大基座上的托斯卡纳式石柱支撑。这座教堂的平面呈简单的长方形，有一座高高耸起的三段式塔楼，拉长且加大的尖塔进一步加强了低处门廊所带来的视觉冲击。

威廉·莫里斯艺廊（前沃特宅邸），伦敦，英格兰，1744—1750 年

这里曾是英国工艺美术运动设计师威廉·莫里斯的家族宅邸，如今是用于纪念他的博物馆。建筑两侧半圆形的部分、横向的带状装饰和屋顶的额枋于 18 世纪末增添，有意和建筑立面最初的乔治亚风格保持统一。正门门廊有两根带柱身凹槽的木雕科林斯式立柱。

大理石山别墅，特威克纳姆，英格兰，1724—1729年，建筑师：罗杰·莫里斯和亨利·赫伯特

这座宅邸结构紧凑，有着简约的方正布局和立面装饰，是典型的乔治亚风格。图中的建筑北立面强调了建筑的主厅，四根爱奥尼式壁柱做成门廊造型，下面是粗琢石砌成的底部。主体部分的窗户饰有造型简单的山花或简约的额枋（一种窗框上部稍宽的横条装饰）。

古典复兴

18 世纪中期—19 世纪中期

　　和帕拉第奥风格、乔治亚风格及其他新古典主义风格类似，古典复兴建筑的简约风格很大程度上是对巴洛克与洛可可风格的无节制和过分装饰的回应。古典复兴建筑的不同之处在于，它直接参考古罗马及古希腊建筑，而不是模仿前人对这些古典建筑的演绎。苏格兰建筑师罗伯特·亚当是古典复兴的核心人物，他认为直接从古典建筑遗迹获得的知识对理解建筑而言异常珍贵。他曾在意大利学习多年，师从夏尔－路易·克莱里索和乔瓦尼·巴蒂斯塔·皮拉内西，前者是一位法国制图员和古典文物收藏家，后者是一位专长古典建筑绘画的意大利艺术家。返回英国后，亚当出版了《达尔马提亚的戴克里先宫遗址》一书，确立了他在新古典主义建筑中的权威地位。

主要特征：
- 古典比例
- 古典装饰
- 大量使用柱式
- 纪念性质
- 对称
- 设计的纯洁性
- 建筑元素的重复

凯旋门，巴黎，法国，1806—1836 年，建筑师：让－弗朗索瓦·沙尔格兰

壮观的凯旋门位于香榭丽舍大道的尽头，并且是重要的城市工程：凯旋门形成的广场周围有 12 条大街向四周辐射。凯旋门是一座庆祝军事成就的纪念性建筑，中央为带凹格装饰的筒形拱顶，四根柱墩上饰有大型高浮雕，顶部有着厚重且装饰精美的檐口。

弗吉尼亚大学圆顶大礼堂，
夏洛茨维尔，弗吉尼亚州，美国，
1822—1826 年，建筑师：托马
斯·杰斐逊

圆顶大礼堂以罗马万神庙为原型，
效仿其风格和比例。建筑完美对
称，宽阔的门廊上列有科林斯式
立柱，齿状线脚装点着山花的三
边，并延伸到穹顶的鼓座上。

四法院，都柏林，爱尔兰，1786—1802 年，
建筑师：托马斯·库利和詹姆斯·冈东

四法院高耸的鼓座上的铜质穹顶十分醒目，鼓座周围
还环绕着细长的立柱。建筑主体左右对称，列柱和
山花组成门廊，屋顶檐口处有护栏，上面立着高大
的人像。

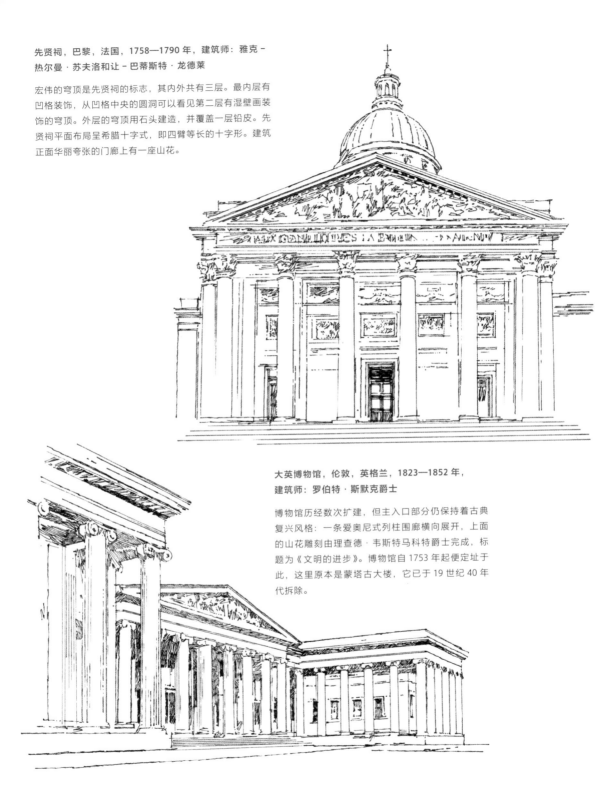

先贤祠，巴黎，法国，1758—1790 年，建筑师：雅克 -
热尔曼·苏夫洛和让 - 巴蒂斯特·龙德莱

宏伟的穹顶是先贤祠的标志，其内外共有三层。最内层有
凹格装饰，从凹格中央的圆洞可以看见第二层有湿壁画装
饰的穹顶。外层的穹顶用石头建造，并覆盖一层铅皮。先
贤祠平面布局呈希腊十字式，即四臂等长的十字形。建筑
正面华丽夸张的门廊上有一座山花。

大英博物馆，伦敦，英格兰，1823—1852 年，
建筑师：罗伯特·斯默克爵士

博物馆历经数次扩建，但主入口部分仍保持着古典
复兴风格：一条爱奥尼式列柱围廊横向展开，上面
的山花雕刻由理查德·韦斯特马科特爵士完成，标
题为《文明的进步》。博物馆自 1753 年起便定址于
此，这里原本是蒙塔古大楼，它已于 19 世纪 40 年
代拆除。

蒙蒂塞洛，夏洛茨维尔，弗吉尼亚州，美国，
1769—1809 年，建筑师：托马斯·杰斐逊

杰斐逊用了 40 余年才完成这件杰作，其间他不断进
行扩建和改建。杰斐逊为这座砖造建筑设计了多个主
立面，每个立面上都有一条带山花的门廊。山花的檐
部和顶部的栏杆都延伸到建筑主体上，环绕房屋一周
并彼此连通。

勃兰登堡门，柏林，德国，1788—1791 年，
建筑师：卡尔·戈特哈德·朗汉斯

柏林旧城及其近郊外围曾有 18 座城门，勃兰登堡门
便是其中之一。勃兰登堡门和凯旋门比例相似，但没
有使用拱门造型。城门两面有六对爱奥尼式附壁柱，
每一对附壁柱均由一堵厚墙相连，从而划分出五条纵
向通道。檐口立面呈阶梯式向上收拢，将视线引向乘
着四马双轮战车的胜利女神雕像。

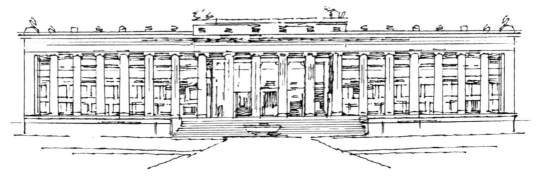

**旧博物馆，柏林，德国，1823—1830 年，
建筑师：卡尔·弗里德里希·申克尔**

博物馆立面极宽，门廊上排有一行壮观的 18 根爱奥
尼式立柱，门廊下的台阶也颇为宽阔。博物馆平面为
长方形，正中圆厅中的穹顶内部有花格装饰，圆厅两
侧各有一庭院。

**英格兰银行，伦敦，英格兰，1788—1833 年，
建筑师：约翰·索恩爵士**

银行建筑体积庞大，占据了一整个街区，底层矮墙犹
如堡垒护墙。有的立面使用石块墙面，有的则以样式
相同的立柱在视觉上拉长建筑。银行的立面呈阶梯状
向中间收缩，数个门廊穿插于银行外围的上层建筑之
中，这种不连续、有弯折的造型弱化了建筑的肃穆之
感。在图中门廊的最上层，成对的混合式立柱支撑起
顶部的山花。1941—1942 年，英格兰银行由建筑师
赫伯特·贝克进行了大面积的改建。

柏林音乐厅，柏林，德国，1818—1821 年，
建筑师：卡尔·弗里德里希·申克尔

虽然这座剧院在战争期间遭受严重损毁，但申克尔设计的主体结构和外立面得以保留。这座建筑宏伟而庄严，这很大程度上归功于阶梯、门廊的爱奥尼式立柱以及两座前后高低错开的山花。申克尔将建筑主体划分为三大部分：中央用作主剧场，一座翼厅为排练厅，另一座翼厅是小型音乐厅。

赫尔辛基大教堂，赫尔辛基，芬兰，1830—1852 年，建筑师：卡尔·路德维格·恩格尔

大教堂建在高高的平台上，周围是气派庄重的台阶。高大的穹顶使整座建筑更显高耸，穹顶下的鼓座有一圈细长的附壁柱。中央穹顶周围还有四个小穹顶。教堂修建之初是为纪念俄国沙皇尼古拉一世，并以圣彼得堡的圣以撒大教堂为原型。

哥特复兴

18 世纪晚期—20 世纪早期

与当时盛行的古典风格不同，哥特复兴运动希望重现中世纪的建筑传统。三位建筑理论家 A. W. N. 普金、约翰·拉斯金和欧仁·维欧勒·勒·杜克是这一运动的核心人物。普金认为，哥特风格的复兴能够促使社会恢复中世纪宗教世界的道德秩序。拉斯金对此并不赞同，他认为复兴哥特式建筑将使工匠重新拥有技艺上的自主权。维欧勒·勒·杜克则认为，哥特式建筑的材料特性和本身的结构特质便已是足够的复兴理由。

哥特复兴式建筑内外装饰华丽，有尖拱、四叶饰窗、铅框玻璃、陡峭的屋顶、细长的塔尖、成组的烟囱和有造型的护墙，其对哥特式建筑的复原十分明显。

主要特征：
- 尖拱
- 陡峭的屋顶
- 细长的塔尖
- 多叶饰
- 铅框玻璃
- 强调垂直性质的构件

皇家司法院，伦敦，英格兰，1873—1882 年，建筑师：乔治·埃德蒙·斯特里特

斯特里特通过 1867 年的设计方案竞赛拿下了这栋建筑的委托。虽然它看上去像一座哥特式大教堂，但它从设计之初就是法院。层层叠套的尖拱大门、数排三叶形尖拱、一扇位于中央的大玫瑰彩窗、柳叶窗和细长的尖塔构成了极具哥特风格的外表。

圣彼得与圣保罗教堂，奥斯坦德，
比利时，1899—1908 年，
建筑师：路易·德拉森塞里

教堂壮观的主立面有着典型的哥
特复兴元素。大门上部有葱形拱，
内有层叠的拱门饰，两侧是形状
相似但尺寸缩小的侧门。立面正
中是玫瑰彩窗，顶部有许多小尖
塔，上面饰有花朵、花蕾和卷叶
等植物图案。

阿尔伯特纪念亭，伦敦，英格兰，1872 年，
建筑师：乔治·吉尔伯特·斯科特

这座极为华丽精美的纪念亭是献给阿尔伯特亲王的，
他在 1861 年因感染伤寒去世。纪念亭底部是有着考
究细节的浮雕带，四角上有大理石雕塑。四面三叶形
尖拱立在四角的束柱上，尖拱之上是等边三角形的山
花。塔顶有数个小尖塔，最高处立有高耸的球形饰和
十字架，整个顶部如同一个华盖，下面是阿尔伯特亲
王的雕像。

牛津大学自然历史博物馆，牛津，英格兰，1855—
1860 年，建筑师：托马斯·纽厄纳姆·迪恩和本杰
明·伍德沃德

博物馆内部非常漂亮，方形的大展览厅高四层，里面
的铸铁科林斯式立柱撑起铁架玻璃屋顶。博物馆的外
立面相对简约，各部分以横向石条和不同造型的窗户
区分。第一层为双拱窗，第二层在双拱窗上增加了层
叠的大尖拱，第三层则为屋顶上的老虎窗。

伍尔沃斯大楼，纽约市，纽约州，美国，
1910—1912 年，建筑师：卡斯·吉尔伯特

这是一座摩天大楼，楼体呈阶梯状向上逐渐缩小，每
段都有一圈葱形拱的饰带套住其底部的窗户。大楼楼
顶部分呈金字塔形，四角有小尖塔。

三一教堂，纽约市，纽约州，
1839—1846 年，建筑师：理查
德·厄普约翰

厄普约翰是美国哥特复兴运动的
领导者之一，因此这座教堂有许
多哥特式塔尖、小尖塔和尖拱，
与这一运动的理念对应。和布局
简洁的教堂主体相比，庞大的主
塔尖显得十分雄伟。

草莓山庄画廊，伦敦，英格兰，
1747—1790 年，建筑师：霍勒斯·沃波尔

画廊是草莓山庄中最令人惊叹的房间之一。
其中精致的镀金扇形拱顶完全以混凝纸工艺
塑造。

曼彻斯特市政厅
曼彻斯特，英格兰，
1868—1877 年，
建筑师：阿尔弗雷德·沃特豪斯

市政厅外表并无太多雕饰，但无
论是窗户的细节、横向条饰还是
中央钟塔顶部四角的小尖塔，都
表达出哥特复兴式建筑的轻盈感。

杜克大学礼拜堂，达勒姆，北卡罗来纳州，美国，1930—1932 年，建筑师：朱利安·F. 埃伯利和霍勒斯·特朗博尔

这座礼拜堂为十字形布局，有尖拱、拱肋拱顶和屋顶上一排排的小尖塔。它属于学院哥特式建筑，是一种常见于美国中学和大学的哥特复兴式分支。

沃蒂夫教堂，维也纳，奥地利，1856—1879 年，建筑师：海因里希·冯·费斯特尔

沃蒂夫教堂的主立面两侧立着细长的塔楼，塔尖部分与塔身等高。教堂主体的屋顶用有花纹的瓦片铺就，十分特别。中央的玫瑰彩窗下有三个入口，均带有拱门饰。

圣吉尔斯天主教堂，奇德尔，英格兰，1841—1846 年，建筑师：A. W. N. 普金

教堂简朴的外表之下是装饰繁复华丽、光彩夺目的内部。祭坛一端有庞大的哥特式窗户，上面饰有石质花饰窗格。大塔尖高高耸立，上有柳叶窗、小尖塔和尖塔点缀。

异域复兴

18 世纪晚期—20 世纪中期

　　异域复兴建筑表现为西方对多种东方建筑的某些方面的模仿和再造，埃及、印度、摩尔、中国甚至玛雅文明的建筑都对这一时期的西方建筑有深远影响。东西方文明的交流，以及随之而来的对相应建筑风格的兴趣和借鉴，很大程度是源于西方国家的殖民活动。

主要特征：:
- 洋葱穹顶
- 葱形拱和马蹄形拱
- 宣礼塔
- 埃及图案：棕榈叶或莲花柱头、带翼托盘
- 对传统文化建筑的复制

英王阁穹顶与宣礼塔，布赖顿，英格兰，1815—1823 年，建筑师：约翰·纳什

英王阁以印度－哥特风格设计，经历了四个阶段的建造。正面分五部分，中央为带柱廊的圆厅。铸铁和锻铁制成的框架隐藏在建筑内部，支撑着洋葱穹顶。穹顶顶部饰有塔刹，两侧各有一宣礼塔。

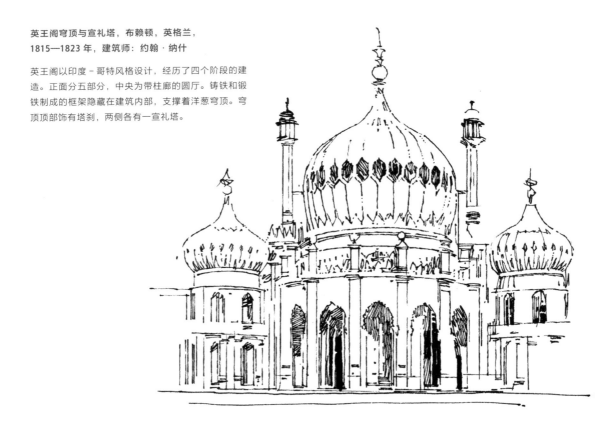

沃龙佐夫宫，阿卢普卡，克里米亚，1828—1848年，建筑师：爱德华·布洛尔和威廉·亨特

宫殿两个主立面的风格迥然不同。图中的北面入口处混合了古代堡垒结构和印度－哥特风格，兼具厚实的石墙和小尖塔及扁扁的洋葱穹顶。南立面仍是印度－哥特风格，但样式更为轻盈，有较少的石方且增加了镂空石屏。

塞津科特宅邸，格洛斯特郡，英格兰，1805 年，建筑师：塞缪尔·佩皮斯·科克雷尔

塞津科特宅邸为莫卧儿－印度复兴风格，上有铜质的洋葱穹顶。一道长长的弧形拱廊从房屋伸向乡间，拱廊上的尖拱上饰有扇形饰边。宅邸主体为石砌，同样有带扇形饰边的尖拱窗。阳台有的突出，有的内凹，都装有精美的铜艺栏杆。建筑外表虽为异域复兴风格，但内饰却完全是希腊复兴式。

红色清真寺，施韦青根宫，施韦青根，德国，1779—1795 年，建筑师：尼古拉·德·皮加热

红色清真寺位于宫殿的花园内，是装饰性质的建筑，彰显出宫殿主人启蒙性和国际化的理念。这座伊斯兰风格的建筑有穹顶、两座宣礼塔和一条精巧的三叶形葱形拱连拱廊。

伊朗尼斯坦，布里奇波特，康涅狄格州，美国，1848 年，建筑师：利奥波德·艾德利茨

这座宅邸混合了土耳其、摩尔和拜占庭风格，是美国著名马戏演员 P. T. 巴纳姆的住宅。伊朗尼斯坦采用对称设计，有多个洋葱穹顶、小尖塔和饰以镂空隔板的连拱门廊。这处建筑在 1857 年已被完全焚毁。

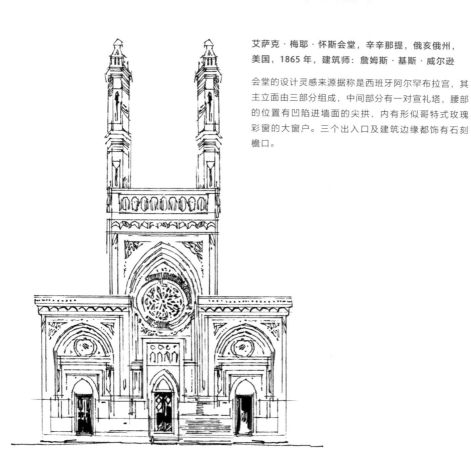

艾萨克·梅耶·怀斯会堂，辛辛那提，俄亥俄州，美国，1865年，建筑师：詹姆斯·基斯·威尔逊

会堂的设计灵感据称是西班牙阿尔罕布拉宫，其主立面由三部分组成，中间部分有一对宣礼塔，腰部的位置有凹陷进墙面的尖拱，内有形似哥特式玫瑰彩窗的大窗户。三个出入口及建筑边缘都饰有石刻檐口。

格鲁吉亚国家歌剧院，第比利斯，格鲁吉亚，1896年，建筑师：维克托·施勒特尔

这座歌剧院带有鲜明的摩尔复兴风格，外墙上可见许多对比强烈的横向条纹。歌剧院的入口在台阶之上的门廊内，门廊上方有一个大尖拱，上面装饰着精致的涡形图案雕饰。

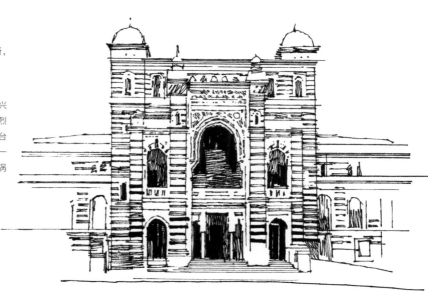

玉米宫，米切尔，南达科他州，
美国，1891—1921 年，建筑师：
拉普·拉普建筑师事务所

玉米宫是一座美国中西部民俗艺
术中心，供当地社群的各类活动
使用。建筑得名于装饰多样且完
全用玉米制作的外覆面，而这些
图案每年也会由当地的艺术家进
行更新。玉米宫按摩尔复兴式设
计，1937 年增添了穹顶和宣礼塔。

论坛剧场，墨尔本，澳大利亚，1929 年，建筑师：
约翰·埃伯松和伯林格、泰勒与约翰逊建筑设计事
务所

论坛剧场是一座氛围式剧院，剧院内部仿佛一片四周
有围墙的花园。剧院外表为摩尔复兴式，有宣礼塔，
拐角处还有一座带穹顶的高大的钟楼。外立面有着极
为考究的石刻装饰，小巧的阳台和走廊巧妙地嵌在墙
面中。

莱顿屋博物馆阿拉伯厅，荷兰公园，伦敦，英格兰，
1877—1879 年，建筑师：乔治·艾奇逊

莱顿屋在 1866 年便开始施工，但阿拉伯厅的设计和建造直到 1877 年才启动，那时房主莱顿刚刚结束了土耳其、埃及和叙利亚的旅行。阿拉伯厅内饰有精细的马赛克图案，墙面上贴满了伊斯兰花砖，房顶是金质穹顶。据称，这座金碧辉煌的阿拉伯厅直接借鉴了建于 12 世纪的意大利巴勒莫的齐萨王宫。

大宝塔，邱园，伦敦，英格兰，
1757—1762 年，
建筑师：威廉·钱伯斯

这座宝塔是一座中国风的花园装饰建筑，是钱伯斯为邱园设计的数件作品之一。宝塔呈八边形，共十层，向上逐渐收窄，人们可以在塔顶上一览园内风光和伦敦景致。

中国塔，英国花园，慕尼黑，
德国，1789—1790 年，
建筑师：约瑟夫·弗雷

中国塔以邱园的大宝塔为蓝本，但远远低于大宝塔，仅有 25 米高。中国塔在战争期间被毁，在 20 世纪 50 年代时按原貌重建，这里现在是慕尼黑最大的公共啤酒花园之一。

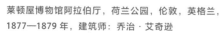

阿尔马斯神庙，华盛顿特区，
美国，1929 年，
建筑师：艾伦·胡塞尔·波茨

五光十色的彩陶砖装点着这座有
着强烈的摩尔风格的共济会教堂。
中央入口部分装饰极为精美，屋
顶为锯齿状，三排拱券宽窄各异，
都以复杂的几何图案作为装饰。
大门退进立面以内，外有壮观的
摩尔风格拱廊。

福克斯剧院，亚特兰大，佐治亚州，美国，
1928—1929 年，建筑师：马里、阿尔杰与
维努尔建筑设计事务所

这幢建筑原本计划建为亚拉伯圣地兄弟会的总部神
庙，但因资金不足租借给了电影制片人威廉·福克
斯，并于 1929 年成为电影院对外营业。建筑主要使
用了伊斯兰式和埃及式两种异域复兴风格。最为富丽
的空间是大礼堂，它仿照阿拉伯庭院建造，有星光闪
烁的夜空和环绕的城墙，顶部是实际带有空调功能的
贝都因人的帐篷顶。不过所有这些剧院内的表面装饰
都是彩涂后上釉的石膏造型——眼见也不一定为实！

老埃及法院（现为仓库），新奥尔良，路易斯安那州，美国，1843年，建筑师：詹姆斯·加利耶

这座建筑曾经是拉斐特镇的法院，体现出明显的埃及复兴风格。尽管原有的埃及风格的线脚没有完全保留，但它庞大的体量、向上收窄的入口和门上抽象的有翼圣甲虫仍保存完好。

和平追求者会堂，费城，宾夕法尼亚州，美国，1866年，建筑师：弗兰克·弗内斯

这座犹太会堂为拜占庭复兴风格，外墙包裹着石灰岩，内饰则用极华美的马赛克、花纹大理石地板和彩色的重复纹饰。会堂的大门处有三个庞大而修长的半圆形拱，拱内有精致的镀金图案。

赫斯特城堡主屋，圣西米恩，加利福尼亚州，美国，1919—1947年，建筑师：朱莉娅·摩根

城堡的主屋为西班牙复兴式，这种风格在当时的加利福尼亚州极为流行。它混合了多种建筑风格，包括巴洛克、洛可可和地中海风格。建筑用混凝土修筑，表面贴石砖。

布扎风格

19 世纪晚期—20 世纪早期

　　"布扎"得名于巴黎美术学院，这一风格被认为是对希腊、罗马、哥特、文艺复兴及巴洛克风格元素的兼收并蓄。布扎风格使钢铁和玻璃等现代建筑材料得到广泛应用，是纯粹的法式建筑风格。布扎风格多应用于大型公共建筑，通常有着装饰丰富的多层次立面。

主要特征：

- 大型公共建筑
- 层次丰富的立面
- 古典建筑元素
- 雕塑装饰，尤见于屋顶
- 高大宏伟的建筑立面
- 粗琢石砌成的建筑底部
- 有立柱的主厅
- 大量雕饰
- 钢铁结构

奥赛博物馆，巴黎，法国，1898—1900 年，
建筑师：维克多·拉卢

奥赛博物馆位于塞纳河左岸，原本是一座火车站。博物馆宏伟而华丽，铁架和玻璃构成的筒形拱顶利于采光。主展厅明亮、开阔且高大，不难想象出它作为火车站时的模样。石灰岩外墙上有七座高大的拱门，两端为一对钟塔，屋檐上立有数尊雕像，主屋顶则是引人注目的芒萨尔式屋顶。

圣詹姆斯大楼，纽约市，纽约州，美国，1898 年，建筑师：布鲁斯·普莱斯

这幢高 16 层的钢架结构大楼原为酒店，现在是写字楼。底部和顶部的墙面为石灰岩，中间部分则为砖面。图中这扇装饰精美的窗户位于大楼顶部，其托臂上饰有狮头，两侧混合式的附壁柱架起一个半圆形拱，所有部件均饰以繁丽的雕刻。窗框的檐部有齿状线脚，上叠一山花，山花顶角和两端均有雕塑顶饰。

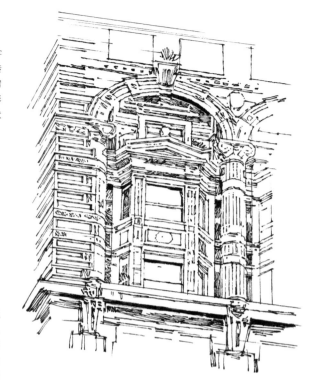

巴黎歌剧院，巴黎，法国，1861—1875 年，建筑师：夏尔·加尼叶

巴黎歌剧院在文学界十分出名，加斯通·勒鲁的小说《歌剧魅影》中的环境背景就设定在这里。除此之外，巴黎歌剧院也是布扎风格的公共建筑的典范之作。建筑一层为粗琢石墙面，拱门之间有小圆盘饰。二层有一排成对并列的立柱，立柱之间的饰板下方另有尺寸较小的立柱，后面是向内缩进的歌剧院的窗户。屋顶厚重的檐口上有着考究的雕刻，檐口两端各有一座镀金雕塑，中央为扁扁的椭圆形穹顶。

圣保罗大教堂，圣保罗，明尼苏达州，美国，1906—1915 年，建筑师：埃马纽埃尔·路易·马斯克雷

圣保罗大教堂为希腊十字式布局，中央引人注目的穹顶周围有一圈带小尖塔的壁柱。这座体量巨大的石质教堂的入口为半圆形拱，内有玫瑰彩窗，入口上方的山墙上雕饰丰富，两侧立有方形塔楼。教堂的希腊十字式布局使来访者一步入大门便能看到讲坛和祭坛。

小皇宫，巴黎，法国，1897—1900 年，建筑师：夏尔·吉罗

小皇宫的立面为典型的叠瓦构造，各部凹凸起伏，加以古典建筑元素，显得极富层次感。高大的主厅外有一排列柱，窗户收进柱后，入口处则进一步向外伸出，使到访者进入一处宏伟的多层拱门下方。附壁柱和拱券层叠嵌套，顶部则有穹顶和华丽的小圆顶。

纽约中央火车站，纽约市，纽约州，美国，1903—1913 年，建筑师：里德与斯特恩建筑设计事务所、沃伦与韦特莫尔建筑设计事务所

中央火车站有 44 个站台，是全球最大的火车站之一。世纪之交时，纽约市开展了城市美化运动，希望通过修建设计优良、有辨识度的建筑增强市民自豪感，从而加强社会秩序。中央火车站雄伟的外立面体现出当时流行于纽约市的布扎风格。火车站主立面顶部有一座大钟嵌在雕像内，钟面是世界最大的蒂芙尼玻璃。

卡罗兰别墅，希尔斯伯勒，加利福尼亚州，美国，1914—1916 年，建筑师：埃内斯特·桑松

这幢住宅显然受弗朗索瓦·芒萨尔作品的影响，采用了芒萨尔式屋顶，这种屋顶坡面分两段，下段较为陡峭。屋顶两端有尖顶，大门上面的位置为中央穹顶，屋顶斜面上还均匀且对称地排列着长方形和圆形的老虎窗。

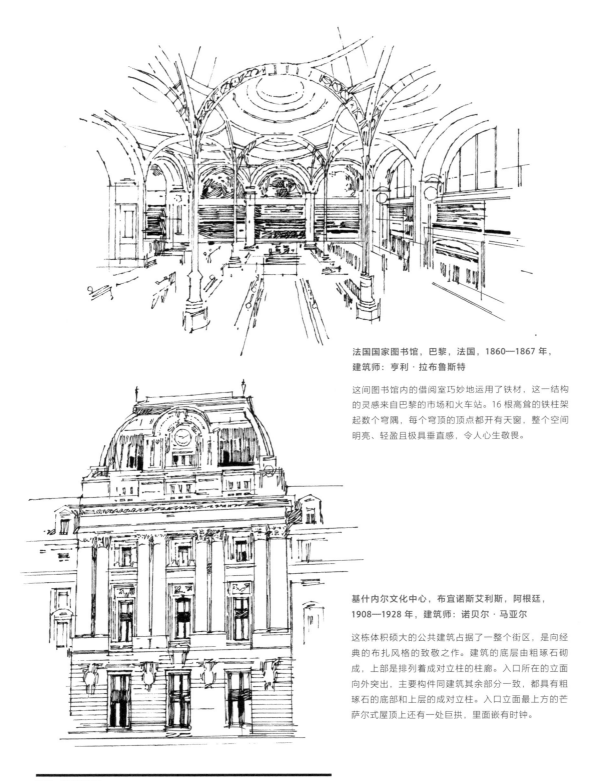

**法国国家图书馆，巴黎，法国，1860—1867 年，
建筑师：亨利·拉布鲁斯特**

这间图书馆内的借阅室巧妙地运用了铁材，这一结构的灵感来自巴黎的市场和火车站。16 根高耸的铁柱架起数个穹隅，每个穹顶的顶点都开有天窗，整个空间明亮、轻盈且极具垂直感，令人心生敬畏。

**基什内尔文化中心，布宜诺斯艾利斯，阿根廷，
1908—1928 年，建筑师：诺贝尔·马亚尔**

这栋体积硕大的公共建筑占据了一整个街区，是向经典的布扎风格的致敬之作。建筑的底层由粗琢石砌成，上部是排列着成对立柱的柱廊。入口所在的立面向外突出，主要构件同建筑其余部分一致，都具有粗琢石的底部和上层的成对立柱。入口立面最上方的芒萨尔式屋顶上还有一处巨拱，里面嵌有时钟。

大都会艺术博物馆朝向第五大道的立面，纽约市，纽约州，美国，1902 年，建筑师：理查德·莫里斯·亨特

博物馆朝向第五大道的立面原本为维多利亚时代哥特式，但这一设计一直饱受诟病，于是经过修改变为今天看到的布扎风格。博物馆气派的台阶上挺立着三座半圆形拱门，中间的那座是博物馆大门。三座拱门均具有带雕饰的拱顶石，拱门之间有科林斯式对柱。一条宽大的檐口横跨柱顶，檐口上等距竖立着雕饰。

亚历山大三世桥，巴黎，法国，1896—1900 年，建筑师：约瑟夫·卡西安－贝尔纳和加斯东·库赞

亚历山大三世桥为横跨塞纳河的单拱钢架桥，被认为是 19 世纪伟大的工程杰作。拱桥混合了多种风格，桥拱旁有石质垂花饰和雕塑头像，栏杆两旁的小天使雕塑的路灯和其他雕塑是后增添的，为新艺术运动时期的风格。

工艺美术运动

19 世纪晚期—20 世纪早期

　　工艺美术运动的主要宗旨是使建筑能够直接体现建造者的工艺成果。这一风格与作为即将到来的现代化的前提——工业化和机械化背道而驰。工艺美术运动的建筑主要为民居，喜用外露梁、手工木构件和贴近自然的景观。

主要特征：
- 乡土元素
- 使用当地材料
- 内部用外露梁
- 体现工匠工艺
- 贴近自然
- 不对称设计，与空间实用性直接相关，而非追求规则的外表

红屋，贝克斯利黑思，伦敦，英格兰，1859—1860年，建筑师：菲利普·韦伯和威廉·莫里斯

红屋因用红砖建造而得名，充分展现了乡土魅力。红屋有意避开了任何工业社会的特征，注重振兴中世纪各类不可或缺的工匠工艺。为致敬中世纪建筑，红屋设计了陡坡屋顶和多座烟囱。窗户的位置充分满足了房间对采光的功能性需求，因此建筑外表并不规整，并使每位居住者的体验优先于死板严格的建筑形制。

斯托特福尔德住宅，布罗姆利，伦敦，英格兰，
1907 年，建筑师：托马斯·菲利普斯·菲吉斯

这座奇特且不规则的住宅体积庞大，虽未采用乡土元
素，但仍将工艺美术运动风格的建筑的特征充分展
露。房屋的设计以风景（花园）为核心，前后两面
都有伸进花园内的露台，并有多扇大窗户朝向花园
而开。

弗兰克·劳埃德·赖特住宅与工作室，奥克帕克，
伊利诺伊州，美国，1889 年，
建筑师：弗兰克·劳埃德·赖特

这栋住宅是赖特自己的草原学派的早期作品，完全摒
弃了当时盛行的夸张的维多利亚式。房屋最初仅是简
单的瓦屋风格，有一面高大的山墙。数年间，赖特多
次将其扩建，以试验他对民居建筑的新构想。

罗伯特·R. 布莱克住宅，帕萨迪纳，加利福尼亚州，美国，1907 年，建筑师：格林与格林建筑设计事务所

这处住宅中所有部分均为定制，甚至最微小的细节也是如此，这是格林与格林建筑设计事务所的设计特色。住宅外表由老红木、花旗松和铅条玻璃门窗构成，整体呈横向延展，宽大出檐的屋顶和外露的椽子则增强了这一视觉效果。

霍尼曼博物馆，森林山，伦敦，英格兰，1898—1901 年，建筑师：查尔斯·哈里森·汤森

霍尼曼博物馆的建筑是专为其设计的，墙面用道尔廷石（一种粒状石灰岩）砌成，正面的圆顶山墙下有一幅希腊－罗马风格的壁画，门前立着一座大钟塔。博物馆主体和钟塔有着石砌的柔和圆润的边角，整体显得十分自然和谐。

戈达德住宅，德林豪斯，约克，英格兰，1927 年，
建筑师：沃尔特·布赖尔利

戈达德住宅和花园相连的部分呈对称构造，刚好能倒
映在庭院的莲池中。房屋以产自当地的砖材建成，立
面的山墙墙面上使用了几种不同的砌筑方法，呈现出
多样的纹路。

斯托尼韦尔别墅，阿尔弗斯克罗夫特，英格兰，
1898—1899 年，建筑师：欧内斯特·吉姆森

斯托尼韦尔别墅是一座避暑别墅，按照乡土建筑风格
建造，这也是工艺美术运动极为重视的理念。别墅用
当地的石材筑成，以裸露的基岩作为天然地基，使建
筑同乡村环境融为一体。

新艺术运动
19 世纪晚期—20 世纪早期

新艺术运动创立了一种全新的风格，完全放弃了对任何既有风格的模仿。不论是美术、平面设计、时装、珠宝或纺织品，还是建筑、室内设计或家具，这一新的视觉语言对整个设计界的方方面面都产生了深远的影响。这一风格突出流动的形状和自然有机的线条，常用植物图案或女性造型的图案，且尤其喜爱不对称原则。

主要特征：

- 不对称
- 波动起伏的线条
- 鞭绳状的曲线
- 动植物纹样
- 弯曲的装饰
- 流动的形态

科约大楼，里尔，法国，1898—1900 年，
建筑师：艾克特 · 吉玛

大楼的立面为不对称设计，施绿釉的火山岩、锻铁和木材在上面穿插交织。这一立面实际有两层，外层与相邻的建筑齐平，里层则向内倾斜，和外层形成夹角。底楼有一大一小两座拱门，分别是底层商铺的橱窗和楼上公寓的入口。公寓入口是半圆形拱，但门上装饰着有机形态的曲线，与上方独特的气窗的曲线相呼应。

老英格兰大楼，布鲁塞尔，
比利时，1898—1899 年，
建筑师：保罗·圣特努瓦

老英格兰大楼原为百货商店，现
在是乐器博物馆。大楼上部为钢
结构，立面中部的窗子向外突出，
由金属托臂支撑。金属窗框十
分精美，采用卷曲的有机形态的
装饰。楼顶是一间大开间的拱形
阁楼。

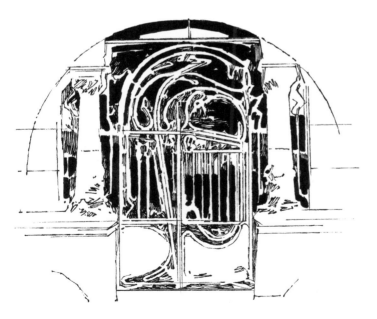

贝朗热大楼，巴黎，法国，
1895—1898 年，
建筑师：艾克特·吉玛

贝朗热大楼是一幢公寓楼，共有
36 间公寓，楼中的装饰大多使用
卷曲花叶之类的自然纹样。图中
是大楼的主入口，金属门嵌在一
座巨大的石砌圆拱内，两侧立柱
的柱头和基座也为新艺术运动风
格，造型新颖且使用了自然装饰
元素。金属门本身由弯曲的线条
和铜板构成，轻盈明快，和大楼
立面上厚重的石墙形成鲜明对比。

希尔别墅，海伦斯堡，苏格兰，1902—1904 年，
建筑师：查尔斯·雷尼·麦金托什和玛格丽特·
麦克唐纳

希尔别墅是麦金托什最著名的民居作品，采用了新艺术运动建筑的一个独特分支——格拉斯哥学派风格。这处住宅用波特兰水泥修建，外表具有传统苏格兰建筑沉静、厚重的特征，形状因屋内布局的需求而呈现出不对称性。室内则体现为个性化的精致，从家具、纺织品、墙面绘画、灯具、木雕和彩色玻璃到日常用品均具有丰富优雅的装饰。

巴特罗之家，巴塞罗那，西班牙，
1904—1906 年，
建筑师：安东尼·高迪

巴特罗之家原本的建筑由高迪的老师埃米利奥·萨拉·科尔特斯建造，但在房屋易主后，高迪得以在这一工程中一展身手。最初的计划需要拆除原本的建筑，但高迪坚持将其保留，并巧妙地通过增添露台和小阳台改变了立面，重新规划了内部空间的划分和内外连接的部分。新的立面似有摄人心魄的魅力，由碎瓷片构成的波光粼粼的马赛克墙面中点缀着卵形窗户，屋顶也在飘荡起伏，看上去像是龙的背脊。

**布拉格中央酒店，布拉格，捷克，1899—1902 年，
建筑师：弗里德里希·奥曼、阿洛伊斯·德里亚克
和贝德日赫·本德尔迈尔**

这是布拉格最早的新艺术运动风格酒店之一。酒店正
面中段的装饰向上延伸了数层。大门的遮雨篷为钢框
架玻璃材质，大门上方的墙面上有装饰着金银细丝的
树纹浮雕，支撑并环绕着中间的凸肚窗部分，最上面
的窗子上部还罩有眉状顶框。在最初的设计中，它是
一座酒店和剧院一体的建筑，因此它的大堂装饰着精
致的铁艺、弧形玻璃、金属的天花板、富丽的彩色玻
璃和筒形拱顶，体现出它建成时的奢华。

托皮奇大楼，布拉格，捷克，1904 年，建筑师：奥斯瓦尔德·波利夫卡

和著名的市民会馆一样，托皮奇大楼的立面也出自波利夫卡之手，同样为新艺术运动风格。大楼立面饰有马赛克，还有花环和垂花饰造型的灰泥浮雕。作为当时布拉格最重要的新艺术运动建筑师之一，波利夫卡设计了布拉格市内的许多地标性建筑。

巴黎地铁入口，巴黎，法国，1900—1913 年，建筑师：艾克特·吉玛

巴黎地铁最早的入口使用极为独特而优美的植物造型，以铸铁和琥珀色玻璃打造。吉玛选择这两种材料（尤其是铸铁）一方面是为节约批量生产的成本，另一方面是因为铸铁结构占地少，可以用在地面空间有限的街区。巴黎现存 86 处这样的地铁口，它们被视作国家珍宝——它们刚建成时并不具备这样的地位。

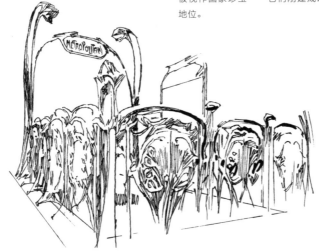

科希住宅，布鲁塞尔，比利时，1905 年，
建筑师：保罗·科希

科希是一名建筑师和室内装修设计师，他和妻子莉娜·富特共同设计了这座自用住宅。从窗子周围的细节可以看出两人受到格拉斯哥学派的影响。科希住宅的装饰较少使用植物图案，更多是对女性形象主题的巧妙运用。

圣西尔之家，布鲁塞尔，比利时，
1901—1903 年，建筑师：古斯塔夫·斯特劳芬

圣西尔之家极为狭长，宽仅 4 米。立面上布满多层玻璃和锻铁组成的新艺术运动风格的装饰。斯特劳芬师从新艺术运动大师维克多·霍塔。

4

现当代

装饰艺术

20 世纪

装饰艺术风格是一种奢侈华丽的风格，但通过涵盖美术、建筑、设计、视觉艺术和日常用品领域，它也走进了大众生活。"装饰艺术"（Art Deco）这一名称来源于 1925 年在巴黎举办的国际现代装饰艺术和工艺美术博览会（Arts Décoratifs）。这次展会希望能重新将巴黎确立为设计的中心，展会上既汇聚了多种现代设计理念，也重温了古希腊与古罗马的体量、比例和对称的元素。装饰艺术风格受到了立体主义中的几何性的深刻影响，也对日本、中国、波斯和印度等东方文化多有借鉴。

主要特征：

- 几何图案
- 直线元素
- 曲线型建筑外观
- 华丽、奢侈
- 对古典元素的重新阐释
- 浅浮雕装饰
- 精细的工艺

欧典影院，金斯坦丁，英格兰，1935—1936 年，建筑师：哈利·威登和塞西尔·克拉弗林

作为奥斯卡·多伊奇创办的欧典院线的第一座电影院，这座砖造的装饰艺术风格建筑成为院线其他电影院的范本。电影院正面是一个巨大的弧面，上面有一处垂直插入的广告牌，将装饰艺术风格夸张大胆的特征展现得淋漓尽致。

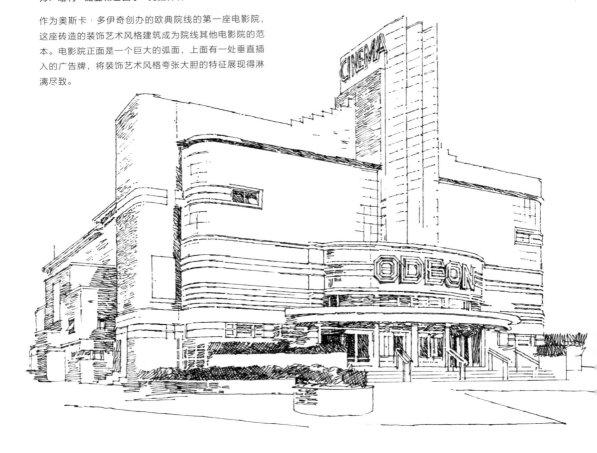

马林酒店，迈阿密，佛罗里达州，
美国，1939 年，
建筑师: L. 默里·狄克逊

马林酒店是迈阿密最早的精品酒店之
一，是南海滩地区的地标性建筑。酒
店高三层，入口上方有一片竖直条纹
构成的装饰，转角处则是曲面玻璃和
弯折的遮阳篷。

耆卫保险大楼，开普敦，南非，
1936—1939 年，建筑师: 劳氏建
筑设计事务所

图中的花岗岩雕像位于大楼一处
入口的上方，代表了非洲的九个
民族。大楼为钢筋混凝土结构，
使用花岗岩贴面，外形呈阶梯状，
直角或三棱柱样突出的窗户上下
贯通整座大楼。

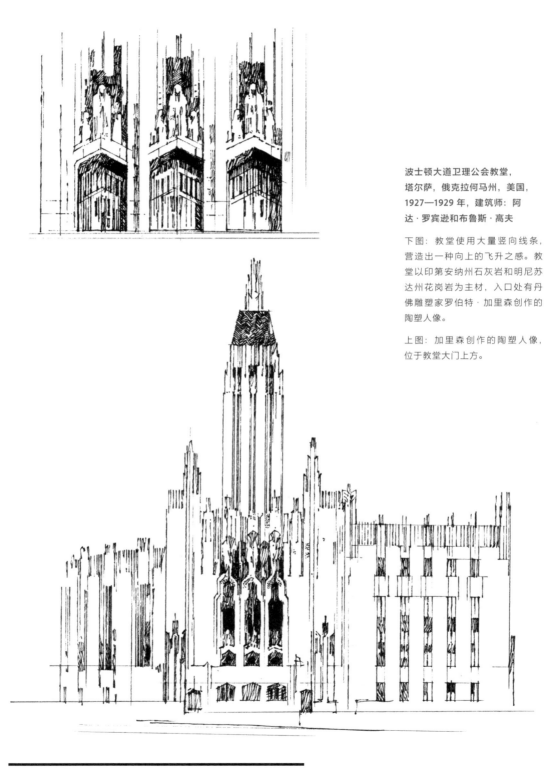

波士顿大道卫理公会教堂，
塔尔萨，俄克拉何马州，美国，
1927—1929 年，建筑师：阿
达·罗宾逊和布鲁斯·高夫

下图：教堂使用大量竖向线条，
营造出一种向上的飞升之感。教
堂以印第安纳州石灰岩和明尼苏
达州花岗岩为主材，入口处有丹
佛雕塑家罗伯特·加里森创作的
陶塑人像。

上图：加里森创作的陶塑人像，
位于教堂大门上方。

新印度保险大楼，孟买，印度，1936 年，
建筑师：马斯特、萨特与布塔公司和 N. G. 潘萨雷

这座狭长的保险大楼为钢筋混凝土结构，立面边缘处的纵向雕像使大楼更显壮观。印度建筑师协会对装饰艺术风格在孟买的传播贡献极大。许多建筑师被这种时髦又现代的风格所吸引，竞相在设计中使用这一风格。

克莱斯勒大厦，纽约市，纽约州，
美国，1928—1930 年，
建筑师：威廉·范·阿伦

克莱斯勒大厦建于 20 世纪 20 年代纽约市的摩天大楼热潮期间，大厦顶部的尖塔高耸入云，是机械时代的繁荣象征。尖塔外表以不锈钢包裹，七层四面的拱形构造向上收拢，拱内有放射状排布的三角形窗。虽然从地面上很难看到克莱斯勒大厦的塔尖，但它无疑是曼哈顿天际线中极为醒目的地标。

伯克利海滩酒店，迈阿密，佛罗里达州，美国，1940 年，建筑师：阿尔伯特·阿尼斯

伯克利海滩酒店位于迈阿密海滩的装饰艺术历史街区，这一带坐落着许多装饰艺术建筑，其中部分建筑建于 1929 年华尔街股灾之后，属于装饰艺术风格的第二阶段。这些建筑在装饰语言上显得较为沉静，反映出当时的经济环境为这一风格带来的变化。

胡佛大楼食堂，伦敦，英格兰，1933 年，建筑师：沃利斯与吉尔伯特建筑设计事务所

这是供胡佛大楼内的员工用餐的附属建筑，有着典型的装饰艺术风格。食堂入口上方两侧有曲面玻璃，中间的窗子则设计成三角突起状，向上一直延伸至屋顶的小尖塔。

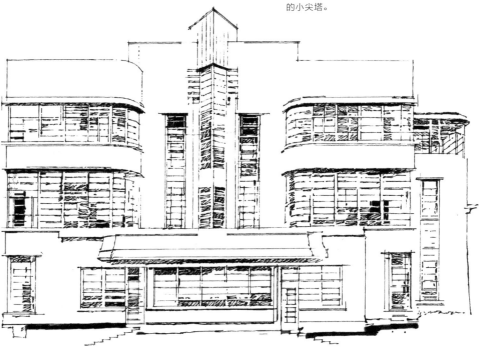

《每日电讯报》报社大楼，内皮尔，新西兰，1932 年，
建筑师: E.A.威廉姆斯

将报社大楼设计为装饰艺术风格是出于十分切实的考
虑。原有的建筑毁于火灾，1931 年新西兰霍克湾大地
震又使人们开始重视结构安全问题。装饰艺术风格不
仅是一种具有现代思维和前瞻性的建筑风格，也是安
全稳定的设计。钢筋混凝土结构使这栋大楼防火，墙
上的浅浮雕装饰也降低了在地震中砖石掉落的风险。

浮士德电影院，哈瓦那，古巴，1938 年，
建筑师：圣图尼诺·帕拉洪

电影院大门上方有显眼的竖向装饰，转角位置处理成
圆润的弧形。虽没有使用大量玻璃，但电影院依然抓
住了装饰艺术风格的精髓。屋顶的垛口和骑楼走廊上
都有浅浮雕装饰。

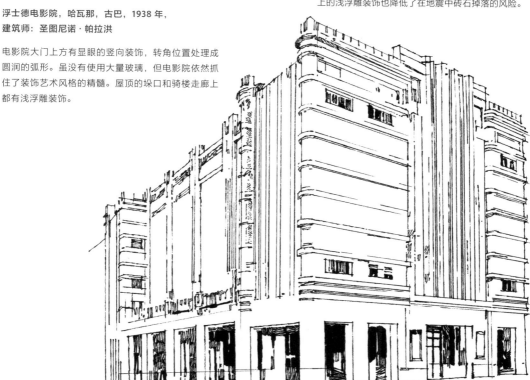

表现主义

20 世纪

　　表现主义诞生于第一次世界大战后，意在创作出能够激发情感的作品。表现主义建筑和德国表现主义艺术运动密不可分，建筑师用仿生的、奇特夸张的建筑形态来达成情绪表达的目的。在德国外，荷兰的阿姆斯特丹学派也在表现主义运动中具有重要意义。通过复杂、不规则却统一的结构，在阿姆斯特丹兴建的砖造住宅实践着表现主义，将多种表现形态糅为一体。

主要特征：

- 夸张的形态
- 拟人化
- 情感表达
- 单一建筑材料
- 雕塑般的建筑
- 自然有机的外观

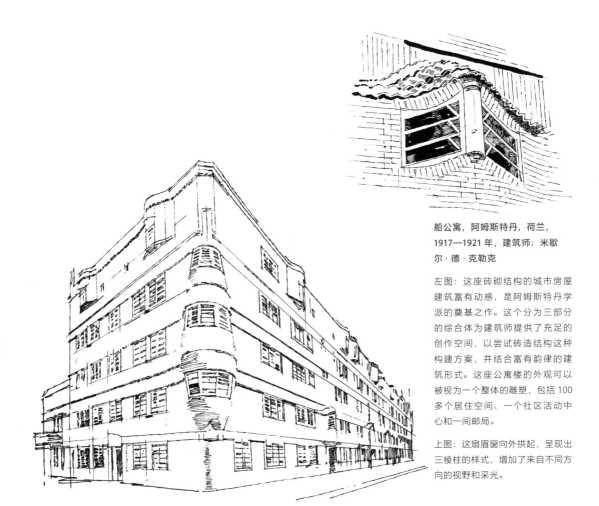

船公寓，阿姆斯特丹，荷兰，1917—1921 年，建筑师：米歇尔·德·克勒克

左图：这座砖砌结构的城市房屋建筑富有动感，是阿姆斯特丹学派的奠基之作。这个分为三部分的综合体为建筑师提供了充足的创作空间，以尝试砖造结构这种构建方案，并结合富有韵律的建筑形式。这座公寓楼的外观可以被视为一个整体的雕塑，包括 100 多个居住空间、一个社区活动中心和一间邮局。

上图：这扇眉窗向外拱起，呈现出三棱柱的样式，增加了来自不同方向的视野和采光。

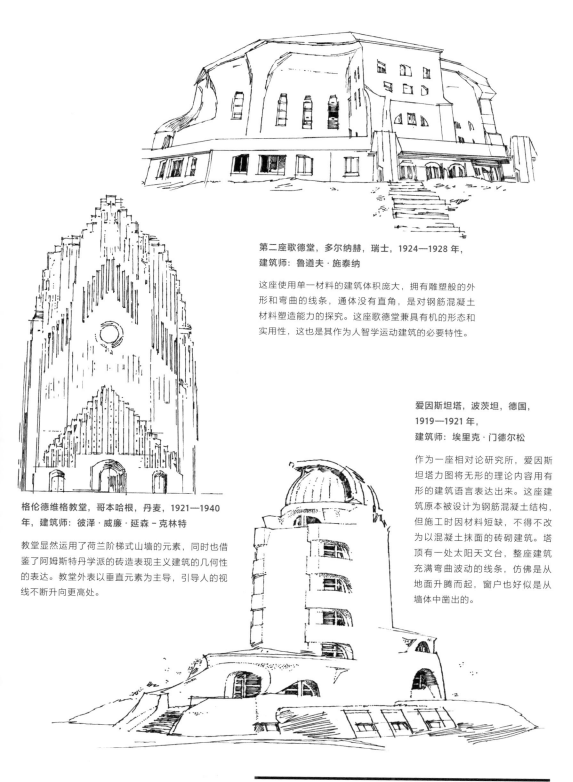

第二座歌德堂，多尔纳赫，瑞士，1924—1928 年，
建筑师：鲁道夫·施泰纳

这座使用单一材料的建筑体积庞大，拥有雕塑般的外
形和弯曲的线条，通体没有直角，是对钢筋混凝土
材料塑造能力的探究。这座歌德堂兼具有机的形态和
实用性，这也是其作为人智学运动建筑的必要特性。

爱因斯坦塔，波茨坦，德国，
1919—1921 年，
建筑师：埃里克·门德尔松

作为一座相对论研究所，爱因斯
坦塔力图将无形的理论内容用有
形的建筑语言表达出来。这座建
筑原本被设计为钢筋混凝土结构，
但施工时因材料短缺，不得不改
为以混凝土抹面的砖砌建筑。塔
顶有一处太阳天文台，整座建筑
充满弯曲波动的线条，仿佛是从
地面升腾而起，窗户也好似是从
墙体中凿出的。

格伦德维格教堂，哥本哈根，丹麦，1921—1940
年，建筑师：彼泽·威廉·延森 - 克林特

教堂显然运用了荷兰阶梯式山墙的元素，同时也借
鉴了阿姆斯特丹学派的砖造表现主义建筑的几何性
的表达。教堂外表以垂直元素为主导，引导人的视
线不断升向更高处。

现代主义

20 世纪

现代主义追求极简，拒绝装饰，强调建筑的功能性。新材料和新建造方式的发展使富有创意的开放式的室内布局成为可能，同时建筑也变得更高、更轻盈。包豪斯的创始人瓦尔特·格罗皮乌斯和勒·柯布西耶（原名夏尔－爱德华·让纳雷）是现代主义的先驱。勒·柯布西耶的著作《走向新建筑》影响极为深远，他在书中呼吁建筑师摆脱传统建筑的束缚，接纳现代主义的理念。他提出了五大新建筑主张：底层架空，用承重的桩柱替代墙；自由平面，减少对承重墙的依赖；消除立面的结构功能；使用横向长窗以使房间可以获得同等的采光；设置屋顶花园。

主要特征：

- 简洁的几何构图
- 强调功能性
- 极少或无装饰
- 平整的外表
- 用料极简
- 玻璃、钢铁和混凝土为主材
- 开放式的室内布局

包豪斯学校，德绍，德国，1925—1926 年，建筑师：瓦尔特·格罗皮乌斯

对整个创意领域采取统一的理念和系统性的培育，是包豪斯的核心价值观，这栋校舍以此为设计基础，体现出工业机械化和艺术之间的关系。校舍由钢筋混凝土、砖和玻璃构成，结构上形似一轮纸风车，以廊桥将三个部分连接起来。大面积的玻璃幕墙甚至覆盖了转角处，不仅为室内提供了充足的采光，也使内外视线十分通透。

德国通用电气公司涡轮机工厂，柏林，德国，1909—1910 年，建筑师：彼得·贝伦斯

这是一座生产蒸汽涡轮机的工厂，厂房的面积和内部无隔断的布局均是专门为生产设备而设计的。工厂内外都极其简洁，玻璃和钢架的结构不仅具有实用性，也很人性化地为室内提供了充足的自然光。

伊姆斯住宅，太平洋帕利塞德，加利福尼亚州，美国，1949 年，建筑师：查尔斯和蕾·伊姆斯

伊姆斯住宅是伊姆斯夫妇的住宅和工作室，也被称作"8 号案例研究"，是与《艺术与建筑》杂志联合进行的住宅案例项目中的一套。这座住宅主要探究的主题是，如何用预制件打造开放的生活空间。

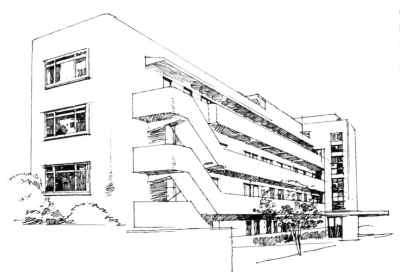

伊索康大楼（草坪路公寓），汉普斯特德，伦敦，英格兰，1932—1934 年，建筑师：威尔斯·科茨

这幢公寓楼理念前卫，是一场极简主义生活实验。楼中每户只有一间小厨房，另有公用的大厨房。大楼为钢筋混凝土结构，用重复的楼梯和突出的水平走廊强调了互相连接的循环元素。

联合国教科文组织总部，巴黎，法国，1952—1958 年，建筑师：马塞尔·布劳耶、皮埃尔·路易吉·内尔维和伯纳德·泽尔弗斯

图中为联合国教科文组织总部建筑群的主楼，高七层，平面呈拉长的三叉星形，底层架空在尖头的桩柱上。贝弗利·洛琳·格林是第一位在美国注册的非裔美国女性建筑师，她作为马塞尔·布劳耶的助手，对联合国教科文组织总部的设计做出了重要贡献。

巴塞罗那世博会德国馆，巴塞罗那，西班牙，1928—1929 年，建筑师：路德维希·密斯·凡·德·罗

德国馆以轻薄的面板材料构成，出檐很宽的平板屋顶强调了水平平面。馆内错落的垂直隔断营造出蜿蜒的路径，同时又能够让人看到馆内其他区域和室外的景观。

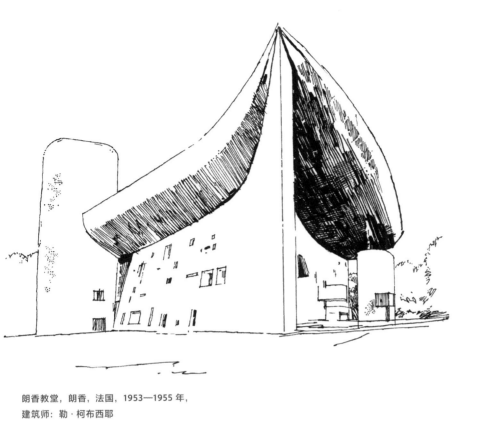

**朗香教堂，朗香，法国，1953—1955 年，
建筑师：勒·柯布西耶**

朗香教堂替代了毁于第二次世界大战的旧天主教堂。
这座教堂在勒·柯布西耶的作品中显得不同寻常，因
为他的设计通常使用平直的面板和架空桩柱。墙体和
屋顶相接的位置设有一圈细细的带状窗，减轻了屋顶
的沉重感。教堂内昏暗幽静，一面墙上布满彩色玻璃
窗，为室内带去温暖的光线。

**圣玛利亚大教堂，东京，日本，
1961—1964 年，
建筑师：丹下健三**

教堂的墙面画出弧线指向空中，
由墙转变为屋顶，从而构成四只
不锈钢的翼翅。每一翼的垂直面
上安有玻璃（有的是琥珀色），使
室内沐浴在变幻的光线之中。

纽约古根海姆博物馆，纽约市，纽约州，美国，1953—1959 年，建筑师：弗兰克·劳埃德·赖特

古根海姆博物馆是纽约的地标建筑，其独特的螺旋形的外部构造是内部布局的外在表达。馆内，一条坡道从底部起始，沿墙盘旋至六层楼的高度。坡道的横向带状墙环绕着开放式中庭，墙内便是展览空间。

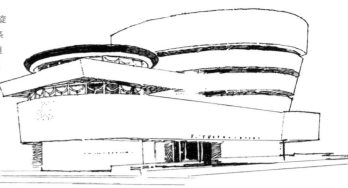

拉孔查汽车旅馆，拉斯维加斯，内华达州，美国，1961 年，建筑师：保罗·R.威廉姆斯

这座汽车旅馆的大堂有强烈的未来主义特征，属于古奇建筑。这种风格是 20 世纪中叶的现代主义在美国的一个分支，以原子时代和太空时代的符号与形式为特征。2007 年，原计划拆除的大堂整体迁至另一地址，从而得以保存，现为霓虹灯博物馆的游客中心。

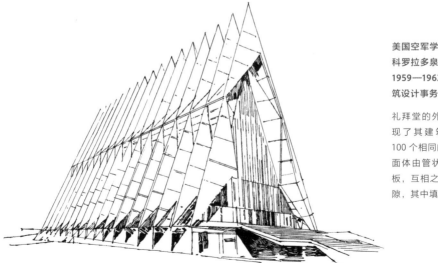

美国空军学院学员礼拜堂，科罗拉多泉，科罗拉多州，美国，1959—1962 年，建筑师：SOM 建筑设计事务所

礼拜堂的外表引人注目，直接体现了其建筑结构。17 个尖顶由 100 个相同的四面体组成。每个四面体由管状钢框架构成，外覆铝板，互相之间留有约 30 厘米的空隙，其中填有彩色玻璃。

流水别墅，米尔润，宾夕法尼亚州，美国，
1936—1937 年，建筑师：弗兰克·劳埃德·赖特

为将建筑、居住和自然有机融合，赖特使这栋房屋直接跨坐在溪流上，悬臂式的平台挑出，架于潮湿的地表之上。大量的玻璃墙在视觉上消除了常见的屋角等元素，室内与室外的自然环境几乎成为一体。

迪里克兹别墅，布鲁塞尔，比利时，1929—1933 年，
建筑师：马塞尔·勒博涅

这栋住宅的主材是钢铁和混凝土，主体由各高四层的两种形状（圆筒和方块）组成。圆筒形的部分是外部楼梯，方块形的部分则被分解成水平的大块体，这些块体的外部设有长窗，营造出错位的效果。

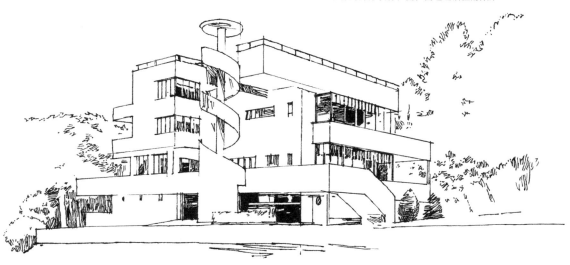

科文尼住宅，费城，宾夕法尼亚州，1963 年，
建筑师：理查德·诺伊特拉

栖身于林木间的低矮住宅横向展开，这是诺伊特拉的
标志性做法，他以建筑和外部景观的有机融合著称。
科文尼住宅中，组成壁炉的石头一直延伸到房屋外
侧，与花园中的石头步道相连。而在室内，以榫槽接
合的木制天花板、粗糙的石头壁炉和屋角处的窗户都
体现出建筑和自然的融合。

范斯沃斯住宅，斯普林菲尔德，伊利诺伊
州，美国，1946—1951 年，建筑师：路德
维希·密斯·凡·德·罗

范斯沃斯住宅是一栋小小的周末度假屋，屋
顶和地板均由预制混凝土板和简洁的钢架构
成。住宅内仅有一个房间，中央的木结构集
中了壁炉、厨房和浴室，也分隔了室内的空
间。住宅四面全是嵌装玻璃，与外部景致浑
然一体，也和温暖的木色形成鲜明对比。

E-1027 住宅，罗克布吕讷 - 卡普
马丹，法国，1926—1929 年，
建筑师：艾琳·格雷

这栋架在桩柱上的钢筋混凝土住
宅是艾琳·格雷的第一件建筑设
计作品。宽阔开放的室内空间以
光影变化来划分区域，住宅内的
所有家具和装置也都由格雷设计。

菲利普斯·埃克塞特学院图书馆，
埃克塞特，新罕布什尔州，
美国，1965—1972 年，
建筑师：路易斯·I. 康

图书馆的内部空间布局十分明晰，
其整体为方形，中庭也为方形，
贯通数层，底层设图书借还台。
室内圆形和方形构造的结合不仅
打开了不同楼层的走廊的视野，
也体现了莱奥纳多·达·芬奇在
《维特鲁威人》中描绘的人体和几
何学的关系——这是路易斯·康
的作品中反复出现的主题。

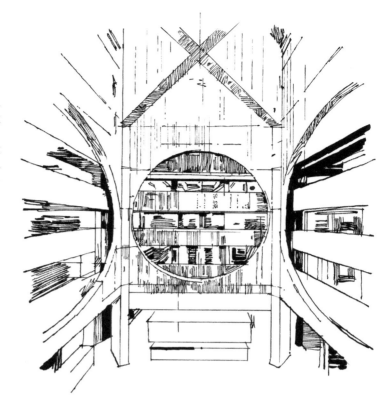

总统府，巴西利亚，巴西，
1957—1958 年，
建筑师：奥斯卡·尼迈耶

尼迈耶为现在的巴西首都——巴
西利亚新城设计了多座建筑，图
中的总统府便是其中一座。总统
府以俯冲式的独特柱廊架起长长
的平板屋顶，底部的结构使强烈
大胆的水平和垂直元素达成了精
巧的平衡与配合。

构成主义

20 世纪早期

    构成主义诞生于 20 世纪早期的俄国，是一种持续时间短且激进的建筑风格。构成主义着眼于对社会进步的反映和适应，反对传统的建筑形式，在工程技术的支持下寻求新的几何构造。由此，构成主义的作品旨在融合科学、艺术和日常生活，以宣扬俄国在十月革命后的社会理念。

主要特征：

- 无指涉
- 大型建筑
- 大量使用工程技术
- 俄国特有

纳康芬大楼，莫斯科，俄罗斯，1928—1930 年，建筑师：莫伊谢伊·金茨堡和伊格纳季·米列尼斯

纳康芬大楼是一幢扁长的公寓大楼，为钢筋混凝土结构，底层以桩柱架空。楼内有公用厨房和洗衣房，也有图书馆和健身房这类公共设施。这样的规划是希望增加住户之间的日常互动，以帮助建立一种全新的社会秩序。

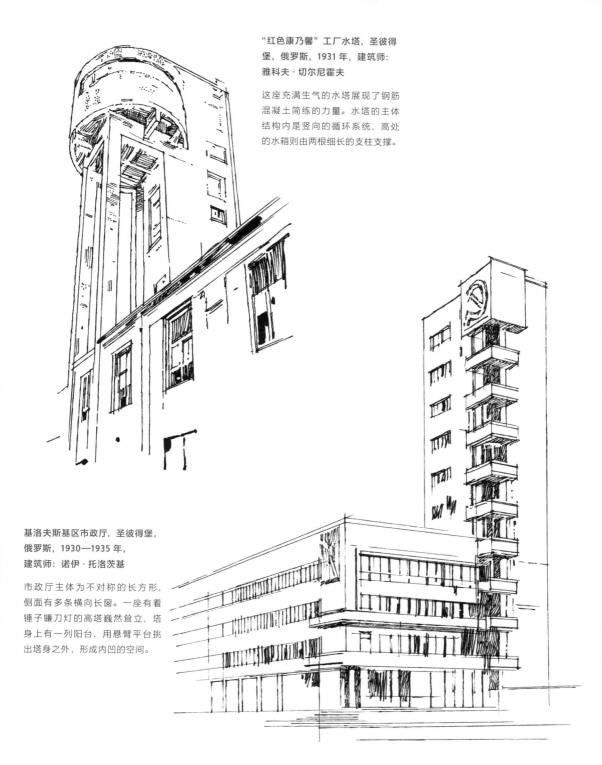

"红色康乃馨"工厂水塔，圣彼得堡，俄罗斯，1931 年，建筑师：雅科夫·切尔尼霍夫

这座充满生气的水塔展现了钢筋混凝土简练的力量。水塔的主体结构内是竖向的循环系统，高处的水箱则由两根细长的支柱支撑。

基洛夫斯基区市政厅，圣彼得堡，俄罗斯，1930—1935 年，建筑师：诺伊·托洛茨基

市政厅主体为不对称的长方形，侧面有多条横向长窗。一座有着锤子镰刀灯的高塔巍然耸立，塔身上有一列阳台，用悬臂平台挑出塔身之外，形成内凹的空间。

卡丘克橡胶工厂俱乐部，莫斯科，俄罗斯，
1927—1929 年，建筑师：康斯坦丁·梅尔尼科夫

橡胶工厂俱乐部形如四分之一个圆柱，临街面有一组
分叉的弧线形楼梯，它属于一种全新的建筑类型——
工人俱乐部，这类俱乐部不仅接待精英人士，而且还
服务广大工人群体。工人俱乐部提供了一个完全不同
于工厂环境的场所，并成为建立新社会秩序的系统工
程的一部分。

红街 11 号，新西伯利亚，俄罗斯，
1931—1934 年，建筑师：B. A. 戈
尔杰耶夫、D. A. 阿盖耶夫和 B. A.
比特金

这是库兹巴苏戈尔住宅区中的一
栋公寓楼，整个住宅区都是应社
会需要而建，共有六栋居民楼和
一座学校。这栋楼由水平和垂直
的两部分组成，街角处的交汇点
立有一座钟楼。

梅尔尼科夫住宅，莫斯科，
俄罗斯，1927—1929 年，
建筑师：康斯坦丁·梅尔尼科夫

梅尔尼科夫住宅是一件构成主义
结构实验的代表作。住宅由两个
相交的圆柱形塔楼构成，上面开
有六边形的窗户。蜂窝状的砖结
构和几何窗口均是为了减少用材，
以降低建造成本。

粗野主义

20 世纪

粗野主义（Brutalism）的名称来源于法语中的"清水混凝土"（béton-brut）一词。这一流派诞生于 20 世纪中叶，是对有着过于精细工整外观的现代主义建筑的回应。粗野主义主要使用砖材和现浇混凝土，表面常常保留了施工时使用的木模板的纹路。粗野主义建筑通常体积庞大，呈现一体化形态，有突出的几何形状，并以重复元素表达整体中的个体的独一性。

主要特征：

- 现浇混凝土
- 清水混凝土
- 一体化形态
- 承重桩柱
- 元素的重复，尤其是窗户

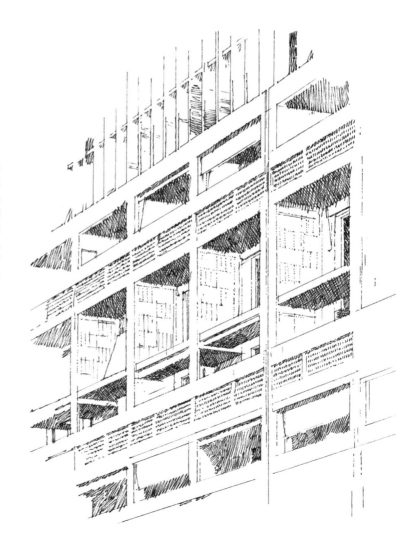

马赛公寓，马赛，法国，
1947—1952 年，
建筑师：勒·柯布西耶

共有 12 层的马赛公寓包含 337 套复式公寓，它们以巧妙的方式交错组合，每三层楼才需要设一条走廊。楼体的外墙面有预制混凝土的模板的痕迹，每间公寓的阳台和窗子为内陷式。整座建筑以桩柱架空，楼内除公寓外，还有两条商业街、一座酒店和一处屋顶花园。

拉图雷特修道院，里昂附近，法国，1956—1960 年，
建筑师：勒·柯布西耶

拉图雷特修道院架空在纤细轻盈的桩柱上，反衬出建
筑主体的厚重感。修道院中包含了 100 间修士房间，
朝向内部庭院的房间由条带状长窗提供采光；朝向外
部的房间设有挑出的阳台，兼顾采光和遮阳。公共区
域装有落地玻璃窗，屋顶上覆以草皮以抵消修道院
的碳足迹。

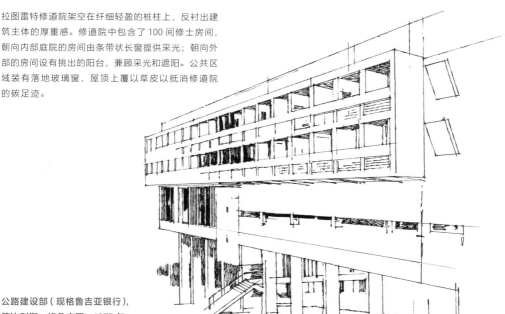

公路建设部（现格鲁吉亚银行），
第比利斯，格鲁吉亚，1975 年，
建筑师：乔治·查哈瓦和祖拉
布·贾拉加尼亚

这栋大楼体量庞大，由多个混凝
土条块交叠而成。其中五个横向
条块为办公室，三个纵向的构造
则是楼梯和电梯间。大楼主体完
全架空，以尽可能降低对自然环
境的破坏。

什利拉姆艺术和文化中心，新德里，印度，1966—1969 年，建筑师：希夫·纳特·普拉萨德

各部分的造型和体量决定了其主要用途：圆柱形的部分是主礼堂，上部的方形多功能厅腾空架在立柱上，露出底面的混凝土双向托架结构，即井式楼板。多功能厅的侧面设有垂直的混凝土遮阳板，以减少内部的阳光直射——这一设计正是因勒·柯布西耶而风行起来的。

新德里市议会大楼，新德里，印度，1983 年，建筑师：库尔迪普·辛格

大楼的形状意在展现混凝土材质的雕塑质感，整座大楼显得强大有力，好似从地面向上升腾。

维尔贝克街停车场，威斯敏斯特，伦敦，英格兰，1971 年，建筑师：迈克尔·布兰皮德建筑设计事务所

维尔贝克街停车场用预制混凝土件组成外表的钻石形的格板，使原本无趣的停车场成为附近最引人注目的建筑，并为建筑行业称赞。停车场于 2019 年不顾众多将其保留的要求而被拆除，此举引起众多争议。

卡彭特视觉艺术中心，剑桥，马萨诸塞州，美国，
1959—1963 年，建筑师：勒·柯布西耶

卡彭特视觉艺术中心十分庞大，一条架空的坡道贯穿
建筑，连通了内外空间。在坡道上可以透过玻璃窗看
到内部的工作室和艺术空间。建筑整体架空，形成一
个底层花园，但从街面高度无法看到其全貌。

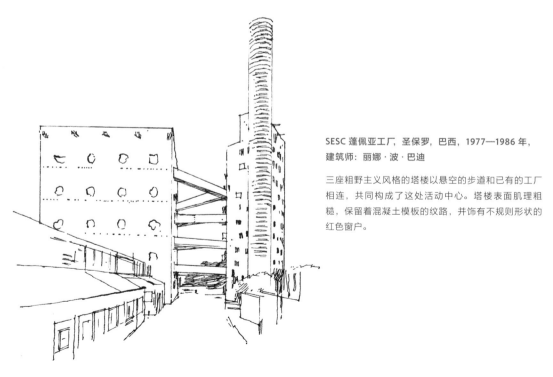

SESC 蓬佩亚工厂，圣保罗，巴西，1977—1986 年，
建筑师：丽娜·波·巴迪

三座粗野主义风格的塔楼以悬空的步道和已有的工厂
相连，共同构成了这处活动中心。塔楼表面肌理粗
糙，保留着混凝土模板的纹路，并饰有不规则形状的
红色窗户。

新陈代谢派

20 世纪

第二次世界大战后，日本在重建的过程中诞生了新陈代谢派，以思考从单独的建筑到城市规划等多种体量下的建筑方案。他们主张，建筑应和有生命的细胞一样是变化的、动态的、可转变的。这些主张同日本传统文化理念，甚至是纪念性的概念相融合，均以社会重建为核心。

主要特征：
- 日本特有
- 模块式
- 纪念意义
- 日本传统价值观
- 建筑具有变化性，在未来可不断拆换

国立代代木竞技场，东京，日本，1961—1964 年，建筑师：丹下健三

国立代代木竞技场是 1964 年东京奥运会的游泳和跳水项目场馆，其设计希望既能实现现代体育场馆的功能，又能致敬传统的日本寺庙建筑，这尤其体现于屋顶两处垂直的装饰以及体育场整体的形状。竞技场以主脊为核心结构，悬索曲面屋顶呈螺旋状错落散开，和混凝土基部的曲面贴合。

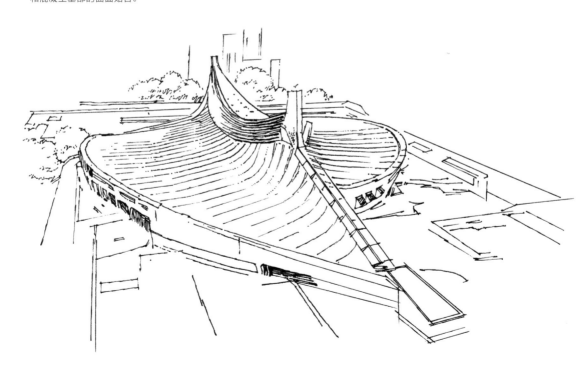

静冈新闻广播中心，东京，日本，1967 年，建筑师：丹下健三

这栋建筑占地面积非常小，被设计成一组可不断有机生长的垂直结构。圆柱形的核心部分内包含一切必要的功能区域，如通风、主结构、卫生间和大厅。悬挂在核心部分的区块有着不同的组合，区块之间的空处是露台，日后有需要时，这些空间内可新增区块。

中银胶囊塔，东京，日本，1970—1972 年，建筑师：黑川纪章

中银胶囊塔由两座塔楼组成，共有 140 个独立的预制胶囊模块。每个胶囊高 2.4 米，长 4 米，外侧有圆窗，内侧和混凝土的塔楼核心部分相连。这些胶囊可以互相合并和连接，以创造出更大的房间。这种设计希望营造一个面向所有人的、灵活可变的居住空间。

广岛和平纪念资料馆，广岛，日本，1949—1955 年，建筑师：丹下健三

原爆圆顶大厦是处在广岛原子弹爆炸中心且唯一留存的建筑，它的周围是一个纪念公园，其中包含了多座建筑，这座资料馆便是其中之一。纪念公园为广岛人民而建，希望连接过去和未来。资料馆由直线元素构成，和熔化变形的圆顶形成鲜明对比。丹下健三在传统日本建筑元素中融合了柯布西耶的建筑主张，垂直遮阳板的使用便是典例。

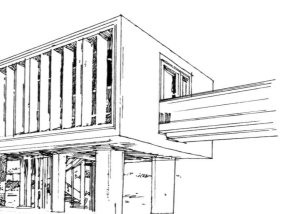

高技派

20 世纪

高技派力图毫无保留地展现建筑在结构、机械和系统上的功能，是一种坦诚、透明的建筑表达，甚至是对现代建筑功能性的颂扬。高技派建筑通常有着工业化的审美，各类设备、管道缆线和结构都裸露在外，这种设计同时使得室内跨度极大，空间十分开阔灵活。

主要特征：

- 裸露的结构
- 裸露的机械系统
- 钢铁、玻璃和混凝土
- 工业化的审美
- 室内跨度极大

乔治·蓬皮杜国家艺术文化中心，巴黎，法国，1971—1977 年，建筑师：理查德·罗杰斯和伦佐·皮亚诺

蓬皮杜中心是高技派建筑的扛鼎之作。这座建筑高七层，以钢铁和玻璃筑成，所有功能结构均位于外部，并以不同颜色区分：蓝色的是空调管道，绿色的是给排水管道，黄色的是电气设备，红色的是安全设施和自动扶梯。

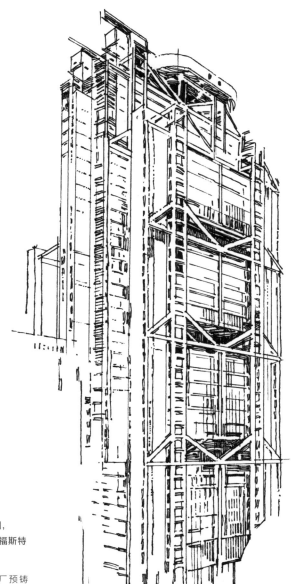

汇丰银行大厦，香港，中国，
1983—1985 年，建筑师：福斯特
建筑设计事务所

大厦高 47 层，由五个工厂预铸
的钢模块现场组装而成。大厦的
结构系统完全体现于建筑的外表，
使得室内有充足的开放空间，并
保证了空气的流通。

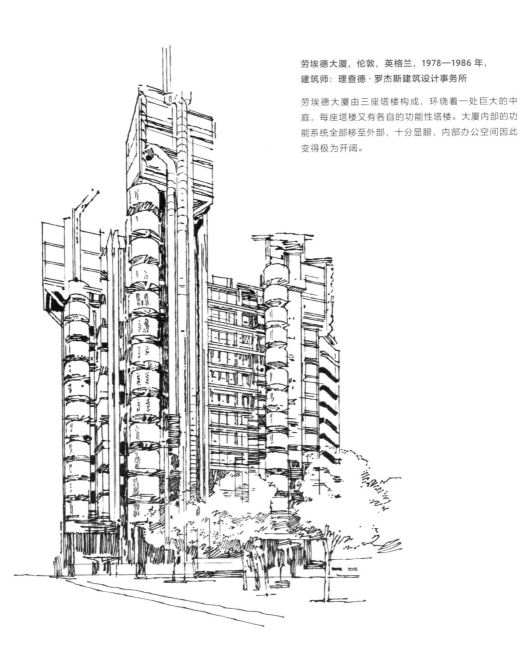

劳埃德大厦，伦敦，英格兰，1978—1986 年，
建筑师：理查德·罗杰斯建筑设计事务所

劳埃德大厦由三座塔楼构成，环绕着一处巨大的中
庭，每座塔楼又有各自的功能性塔楼。大厦内部的功
能系统全部移至外部，十分显眼，内部办公空间因此
变得极为开阔。

塞恩斯伯里视觉艺术中心，诺威奇，英格兰，
1974—1978 年，建筑师：福斯特建筑设计事务所

塞恩斯伯里视觉艺术中心风格简约，整体为钢造结构，外部可以看到预制钢桁架，正面完全覆盖玻璃板。建筑内部为开放布局，馆内各个空间和展厅都能有自然采光。

国际会议中心，柏林，德国，1975—1979 年，
建筑师：拉尔夫·舒勒和乌尔苏琳娜·舒勒－维特

国际会议中心是最大的高技派建筑之一，长期用作举办国际会议。中心的外表覆以钢板，结构裸露，圆形的楼梯向外凸起，如同一座位于景观之中的巨大机器，充满未来主义风格。

后现代主义

20 世纪

后现代主义是针对现代主义美学局限性而出现的质疑和反思，力图矫正现代主义"形式跟从功能"的口号所带来的弊端。以丹尼斯·斯科特·布朗、罗伯特·文丘里与史蒂文·艾泽努尔合著的《向拉斯维加斯学习》为指导，后现代主义运动认识到了向着更有文脉主义、象征主义和指涉性的建筑的哲学性转变。后现代主义建筑希望创造一种全新的建筑语言，并在借鉴古典建筑的基础上根据现代需求加以改造。后现代主义建筑不再使用单一色彩，并具有表面装饰和对建筑元素的趣味性运用，甚至还具有戏谑意味——文丘里的那句"少则无趣！"恰如其分地定义了这一风格。

主要特征：

- 趣味性元素
- 色彩的运用
- 将古典理念融入现代形式
- 戏谑性
- 破碎化的元素

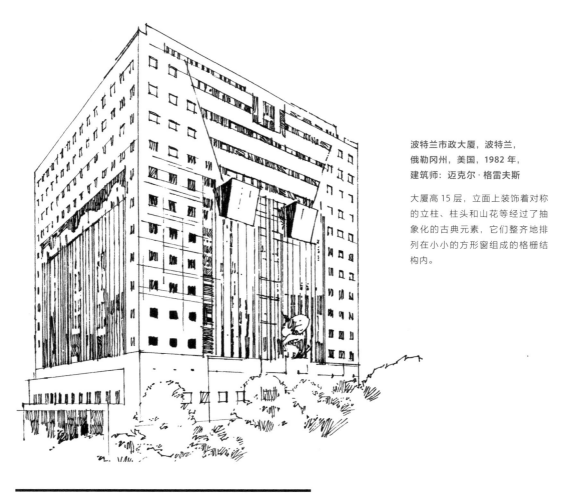

波特兰市政大厦，波特兰，俄勒冈州，美国，1982 年，建筑师：迈克尔·格雷夫斯

大厦高 15 层，立面上装饰着对称的立柱、柱头和山花等经过了抽象化的古典元素，它们整齐地排列在小小的方形窗组成的格栅结构内。

温哥华公共图书馆，温哥华，不列颠哥伦比亚省，加拿大，1992—1995 年，建筑师：萨夫迪建筑设计事务所和唐斯·阿尔尚博建筑设计事务所

图书馆主体为高九层的圆柱形，有一条螺旋状延伸的柱廊墙体作为立面。柱廊墙体和主体之间留有弧线形的空间，是连接内外的半开放的城市广场。

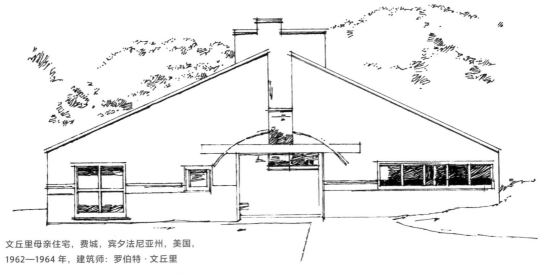

文丘里母亲住宅，费城，宾夕法尼亚州，美国，
1962—1964 年，建筑师：罗伯特·文丘里

文丘里母亲住宅是最早的后现代主义建筑之一，尽管
它保留了一些现代主义特征，如横向长窗，但文丘里
增添了常为现代主义所抵制的表面装饰元素。住宅正
面已成为后现代主义的标志：大门处的山墙上有一条
竖向的开口，它是完全装饰性的构件，因为住宅的后
侧并没有山墙。

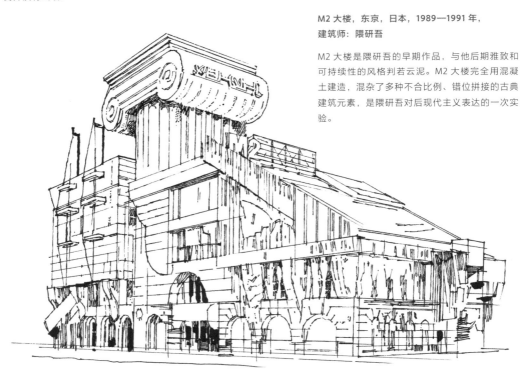

M2 大楼，东京，日本，1989—1991 年，
建筑师：隈研吾

M2 大楼是隈研吾的早期作品，与他后期雅致和
可持续性的风格判若云泥。M2 大楼完全用混凝
土建造，混杂了多种不合比例、错位拼接的古典
建筑元素，是隈研吾对后现代主义表达的一次实
验。

圣卡塔尔多公墓，摩德纳，
意大利，1971 年，
建筑师：阿尔多·罗西

图中的这座立方体结构是一座藏骨室，用于安放逝者的遗骸。建筑外表为红色，独自矗立在庭院中，在周围灰墙蓝顶的其他公墓建筑中显得极为突出。藏骨室有着精确的几何比例，内部用支架结构搭建出多层的平台通道，使到访者可以走近每一个独立的壁龛。

兰希拉 1 号楼，卢加诺，瑞士，
1981—1985 年，
建筑师：马里奥·博塔

大楼用红砖规整地砌成立方体状，街角处坚实的垂直结构使大楼显得稳重。外部的砖墙被部分移除，形成了对称的阶梯状缺口，使钢铁和玻璃构成的内立面裸露出来。

解构主义

20 世纪至今

解构主义是对后现代主义的直接回应，并尝试破除建筑惯有的结构模式。解构主义依赖对建筑元素的理解及对其不和谐的引用，以一种理论化和语言学式的方法传达意义。这种风格在本质上是对建筑形式系统化的割裂、错置、重构和扭曲的实验，它不受制于任何规则，允许对建筑的形态和空间进行大胆的探索。解构主义这一名称来源于哲学家雅克·德里达提出的解构主义哲学，并将这种指号学中对文本（能指）和意义（所指）的关系思辨延伸到了建筑领域。

主要特征：
- 抽象的形态
- 元素的解构
- 对称的缺失
- 空间的失谐
- 拆解的美感

**毕尔巴鄂古根海姆博物馆，毕尔巴鄂，西班牙，
1993—1997 年，建筑师：弗兰克·盖里**

博物馆以解构主义风格设计，外墙面以银色的钛板和西班牙石灰石构成。互相交错的体块如波浪般四散延伸，几乎没有直线或转角元素，也似乎没有清晰可辨的边界。这座建筑在不同位置和角度都有不断变化的视觉体验，甚至在室内也是如此。

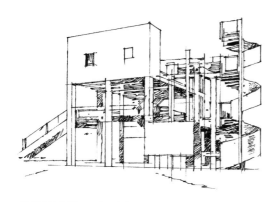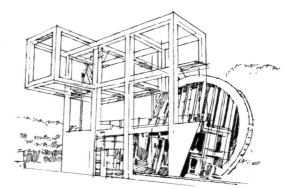

**拉维莱特公园，巴黎，法国，1984—1987 年，
建筑师：伯纳德·屈米和科林·富尼耶**

公园的设计旨在创造一个能激发活动和交流的空间。
公园中共有 26 座建筑小品呈点阵式分布各处，成为
公园的导引系统。建筑小品是一种以装饰为主功能的
建筑，但通常具有某种指涉意义。

**犹太博物馆，柏林，德国，
1992—2001 年，
建筑师：丹尼尔·里伯斯金**

这座博物馆的设计因意义重大而
极具挑战性。里伯斯金的方案在
视觉上可以有多重解读，但不变
的是其阴暗、幽深的空间在吸引
参观者的同时也使人迷失方向的
惊人能力。钛锌合金板构成的外
立面上分布着砍痕状的开口，但它
们与内部的楼层或布局毫无关系。

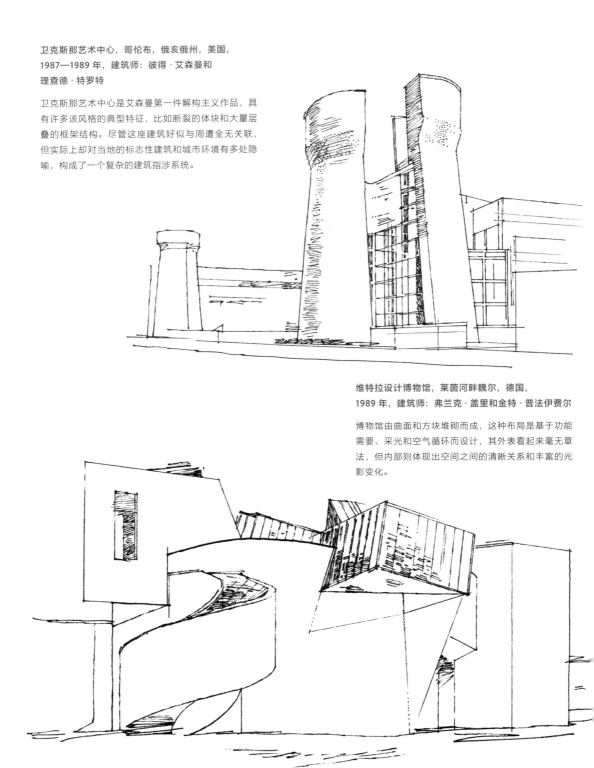

卫克斯那艺术中心，哥伦布，俄亥俄州，美国，
1987—1989 年，建筑师：彼得·艾森曼和
理查德·特罗特

卫克斯那艺术中心是艾森曼第一件解构主义作品，具
有许多该风格的典型特征，比如断裂的体块和大量层
叠的框架结构。尽管这座建筑好似与周遭全无关联，
但实际上却对当地的标志性建筑和城市环境有多处隐
喻，构成了一个复杂的建筑指涉系统。

维特拉设计博物馆，莱茵河畔魏尔，德国，
1989 年，建筑师：弗兰克·盖里和金特·普法伊费尔

博物馆由曲面和方块堆砌而成，这种布局是基于功能
需要、采光和空气循环而设计，其外表看起来毫无章
法，但内部则体现出空间之间的清晰关系和丰富的光
影变化。

维特拉消防站，莱茵河畔魏尔，德国，
1989—1993 年，建筑师：扎哈·哈迪德

这是哈迪德第一件实际建成的作品，现已成为博物
馆。建筑由弯曲、断裂和倾斜的混凝土板构成，与其
周围环境形成呼应。一组线性层叠的墙体围起并分隔
出各个功能空间，为建筑营造出一种随时可以"采取
行动"的动感。

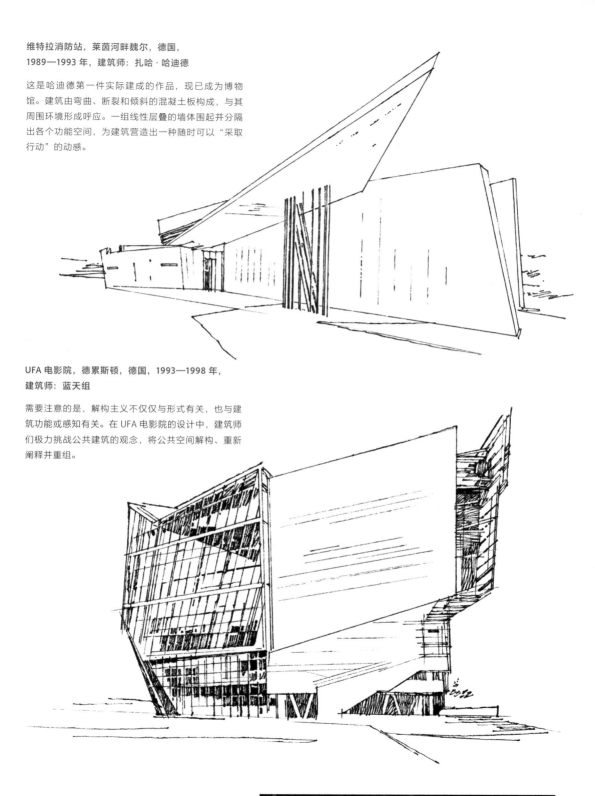

UFA 电影院，德累斯顿，德国，1993—1998 年，
建筑师：蓝天组

需要注意的是，解构主义不仅仅与形式有关，也与建
筑功能或感知有关。在 UFA 电影院的设计中，建筑师
们极力挑战公共建筑的观念，将公共空间解构、重新
阐释并重组。

生态建筑

20 世纪至今

生态建筑与其说是一种建筑风格，更像是一场运动。生态建筑以社会责任为出发点，将可持续发展作为其核心价值，通过合理的设计、高效的节能系统和绿色材料的使用，最大限度地降低建筑在施工和使用过程中对环境的影响，使建筑在环保中发挥积极作用。

主要特征：
- 绿色屋顶
- 中水回用
- 可持续性
- 环境破坏最小化
- 就地取材，融合传统材料和工法

龙腾体育馆，高雄，台湾，中国，2007—2009 年，建筑师：伊东丰雄

体育馆顶部的数千块太阳能板可满足场馆的用电需求，而且在闭馆期间也可以向周围地区输送可观的电能。体育馆还有雨水收集系统，并配备风力管理系统在夏季为观众席降温。

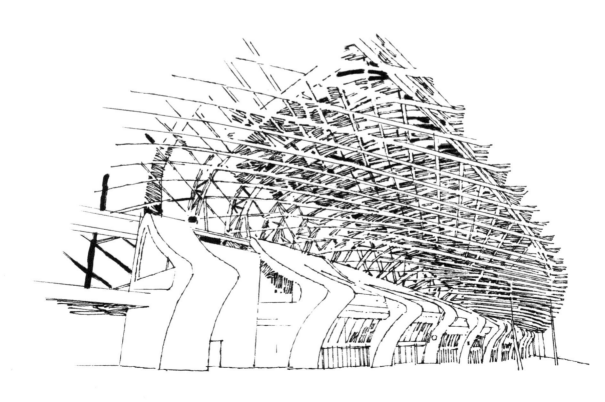

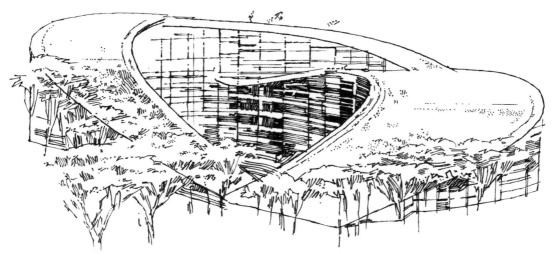

南洋理工大学艺术、设计与媒体学院，新加坡，2007 年，建筑师：新工工程咨询有限公司

这栋五层楼高的建筑拥有一个环绕式的、流动连贯的绿色屋顶。在这里，建筑和景观的界限变得模糊。屋顶不仅能收集雨水、为建筑隔热，还提供了公共的开放空间。

垂直森林，米兰，意大利，2009—2014 年，建筑师：斯特凡诺·博埃里建筑设计事务所

垂直森林以其可持续理念而著名。这座建筑使用中水循环系统和太阳能供电系统，外墙体还种有 18000 株乔木、灌木和地被植物。这些植被用于吸引鸟类和昆虫，并吸收二氧化碳，减弱建筑内的温差变化。

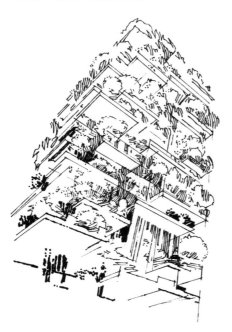

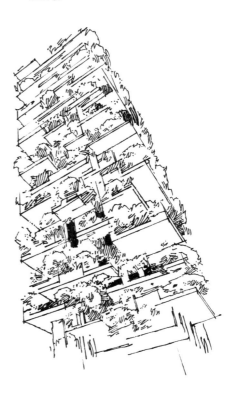

仿生建筑

20 世纪至今

仿生建筑直接以动物、人体及植物等生物有机体的系统和模式为参考对象，力求达到自然界常见的视觉和谐，并将这些系统性的组织原则应用于建筑设计中。

主要特征：
- 借鉴自然界的系统和模式
- 自然拟态
- 视觉和谐

密尔沃基现代美术馆新馆，密尔沃基，威斯康星州，美国，1997—2001 年，建筑师：圣地亚哥·卡拉特拉瓦

这对翼状遮阳板宽 66 米，完全打开或关闭只需三分半钟，能根据美术馆的遮阳需要调整开合程度。其夸张的造型让美术馆看上去仿佛翱翔在空中。

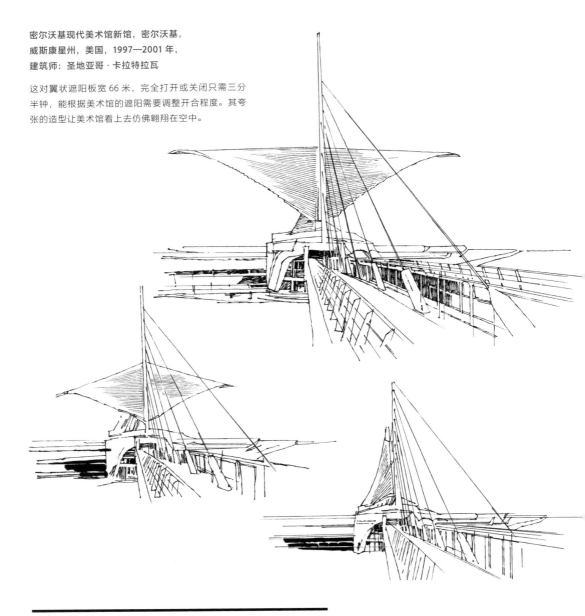

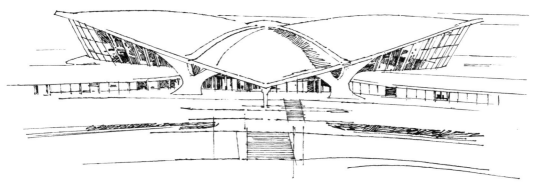

TWA 航站楼，现为 TWA 酒店，皇后区，纽约市，
美国，1962 年，建筑师：埃罗·沙里宁

TWA 航站楼是薄壳结构的早期案例，以四个墩柱在四
角为钢筋混凝土外壳提供支撑。航站楼的造型显然透
出飞翔的神韵，翼状屋顶从中心点向外延展，空港中
往来起降的飞机一览无余。

莲花寺，新德里，印度，1980—1986 年，
建筑师：法理博·萨巴

这座巴哈伊灵曦堂是一个九边形结构，体现出数字 9
在巴哈伊教中的重要意义。整座寺庙共有 27 片大理
石花瓣，以 3 片为一组构成 9 个面。莲花的顶部有一
处钢架玻璃的圆形眼窗，将阳光洒向建筑内部。

参数化建筑

20 世纪至今

参数化设计利用数字化算法和程序的迭代性生成建筑的空间和形式。"参数化"是一个数学术语，在这里代表着对个别变量的调整可以改变最终结果的理念。建筑的参数化设计过程十分灵活，具有探索性和创新性，而且形式的调整可以通过更改录入变量快速达成。

主要特征：

- 使用计算机技术生成复杂的几何图形
- 数字模型为施工方提供了精确的数据

赫塔与保罗·埃米尔展馆，特拉维夫艺术博物馆，特拉维夫，以色列，2007—2011 年，建筑师：斯科特·普雷斯顿·科恩

展馆建在三角形地块上，建筑师使用双曲抛物面外壳，化解了地形的限制的同时保证了室内的直线式布局。馆内的展厅围绕天井中庭分布，这座中庭贯通数层，被称为"光瀑"。

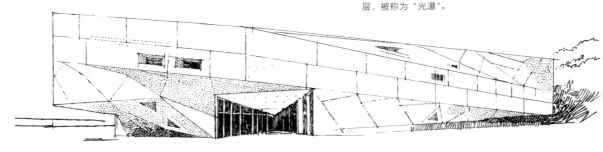

富士山世界遗产中心，富士宫市，日本，2017 年，建筑师：坂茂

中心的主展馆高五层，形似倒立的富士山，其倒影反射在前方的水池中，和远处真正的富士山遥相呼应。主展馆的坡面外表包裹着富士山柏木制造的格栅，倒山式的结构由玻璃墙分为室内外两部分。参观者在其中盘旋向上，除欣赏展品外，还能登上位于 5 层的观景平台。

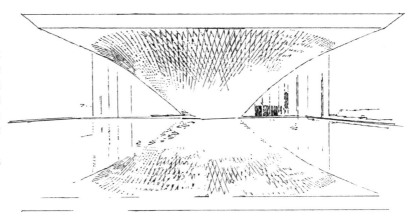

布洛德美术馆，洛杉矶，加利福尼亚州，美国，2015年，建筑师：迪勒、斯科菲迪奥与伦弗洛建筑设计事务所

美术馆主要由两部分构成，地下的部分是停车场，地面上的则为艺术作品储藏室、办公室和档案室。美术馆的外表布满排孔，酷似一层面纱，地上部分有一处展厅。立面在底层微微翘起，形成了美术馆的入口。

非裔美国人历史和文化国家博物馆，华盛顿特区，美国，2012—2016年，建筑师：阿贾耶建筑设计事务所、弗里隆建筑设计事务所、邦德建筑事务所和史密斯集团

这座三段式的博物馆建筑紧邻华盛顿纪念碑，入口处宽阔的门廊正对着国家广场。它的重要性不仅体现在其社会意义上，也体现在对非洲及美国南部本土建筑的借鉴方面。博物馆的外立面覆有于调节采光和吸热的精美幕墙，其青铜材质既是对非洲艺术家的致敬，也指涉了奴隶制废除之前的历史：当时的非裔美国人创作了许多类似的青铜栏杆和面板制品，如今在查尔斯顿和新奥尔良仍能看见。

阿利耶夫文化中心，巴库，阿塞拜疆，2007—2012年，建筑师：扎哈·哈迪德建筑设计事务所

文化中心拥有流动起伏的外观，这是高超的工程学和结构学的设计成果。为了实现完全无柱的室内空间，建筑由混凝土结构系统和空间架构系统两部分组成。外部由玻璃纤维混凝土和玻璃钢制成的包层则保证了表面的可塑性。

5

建筑元素

穹顶

　　穹顶本质上是拱券的衍生形态，常用于扩大室内空间，从而营造宏伟的气势。在结构上，穹顶同时具有侧向和纵向的推力，因此需要大量的辅助结构支撑。为应对穹顶的推力，历史上的建筑发展出了多种辅助结构，并且随着技术的不断进步，结构力的承重构件变得越来越小，穹顶周围和内部的空间也产生了巨大的变化。

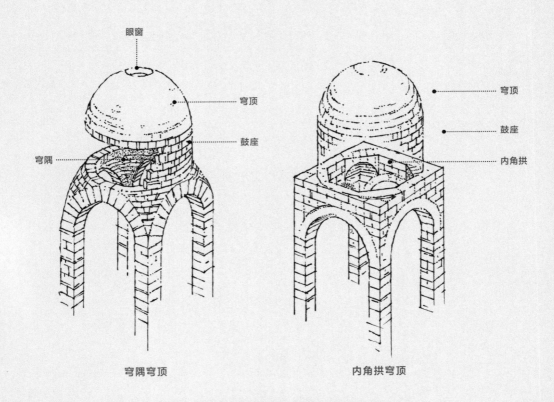

眼窗

穹顶

鼓座

穹隅

穹顶

鼓座

内角拱

穹隅穹顶

内角拱穹顶

　　穹隅与内角拱是两种结构支撑系统，用于分散位于圆形基座上的穹顶的受力，并将其传到方形的基座上。这两种支撑系统历史悠久，发展于 4 世纪晚期和 5 世纪的中东和古罗马，因而可见于拜占庭和伊斯兰建筑之中。

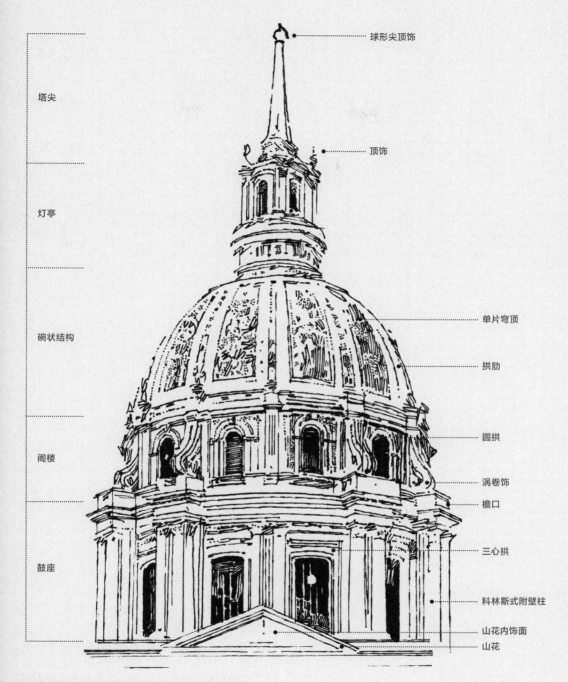

塔尖

灯亭

碗状结构

阁楼

鼓座

球形尖顶饰

顶饰

单片穹顶

拱肋

圆拱

涡卷饰

檐口

三心拱

科林斯式附壁柱

山花内饰面

山花

法国巴黎的荣军院集博物馆、教堂、医院、养老院和陵墓为一体。鼓座檐口之上增添阁楼层的做法使整个穹顶结构更为高耸，使这座建筑在周围的各个方向都能被人望见。

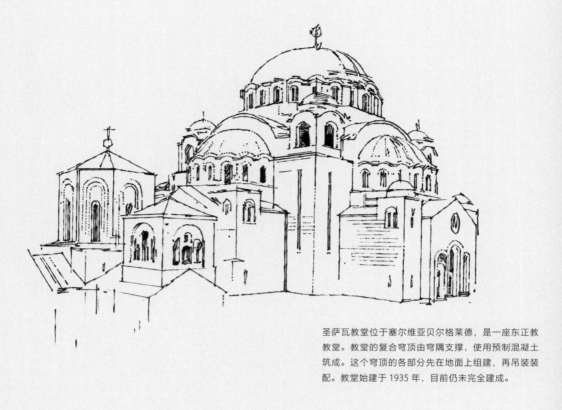

圣萨瓦教堂位于塞尔维亚贝尔格莱德，是一座东正教教堂。教堂的复合穹顶由穹隅支撑，使用预制混凝土筑成。这个穹顶的各部分先在地面上组建，再吊装装配。教堂始建于 1935 年，目前仍未完全建成。

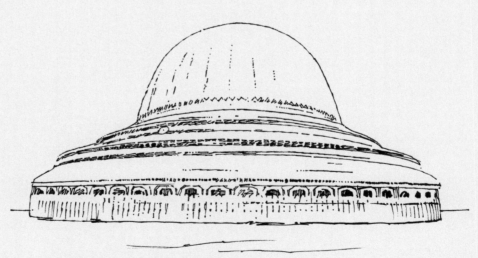

缅甸实皆的贡慕都佛塔拥有半球形的穹顶，与大部分缅甸佛塔的金字塔式造型迥然不同。这座佛塔建于 17 世纪中期，设计上模仿了多见于斯里兰卡的穹顶窣堵波建筑。

不是所有穹顶都是圆形的，位于意大利皮埃蒙特的维
科福尔泰教堂便有一座椭圆穹顶。砖制穹顶的底部是
椭圆形的鼓座，穹顶上有灯亭和球形尖顶饰。

意大利都灵的神圣裹尸布教堂有一座篮子式穹顶，其
独特的外观和内部结构吻合。穹顶由层叠的大理石
拱券架起，上一层的起拱石架在下一层的拱顶石上，
如此层层交错堆砌，将重量向下转移。拱券的跨度
随着高度的降低而增大，每一层拱券的顶部有檐口
作为分界。

完者都陵墓建于 14 世纪早期，位于伊朗苏丹尼耶城。陵墓上有一座双层穹顶，外部为尖顶状，表面镶满了蓝绿色釉面砖，是该时期的建筑杰作。

莫斯科克里姆林宫内的伊凡大帝钟楼（右）和圣母升天钟楼（左）都有着洋葱穹顶，这是俄罗斯建筑常用的穹顶制式，通常出现在俄罗斯东正教教堂中，这两座塔楼也不例外。洋葱形穹顶向上收窄成一处细长的尖突，顶部饰有球形尖顶饰和俄罗斯东正教十字架。

这座上心穹顶来自埃及开罗的穆雅德清真寺，通过将基部垂直向拉长增加了整体高度。上心穹顶和上心拱类似，从比拱底座或起拱石的端线更高的地方才开始有曲度。

立　柱

　　立柱本是结构构件，用于承重并使建筑不再依赖于承重墙。历史上共发展出五种古典柱式：托斯卡纳式、多立克式、爱奥尼式、科林斯式和混合式。其中多立克式、爱奥尼式和科林斯式发源于古希腊，托斯卡纳式和混合式则产生于古罗马。在文艺复兴时期，这些柱式在经过大量研究后被正式命名分类，并据此严格执行柱式标准。古希腊建筑中的立柱纯粹出于结构需要，但到了古罗马时期，随着拱券的发展，装饰逐渐成为柱式的主要功能，并且出现了新的形式，例如附壁柱和束柱。

德国波茨坦的无忧宫内有一条壮观的柱廊，由成对的柱身带凹槽的科林斯式立柱排列而成。柱廊顶部有宽厚的檐口，檐口上还有带栏杆的护墙和多座雕塑。

托斯卡纳式　　　　　多立克式　　　　　爱奥尼式

科林斯式　　　　　混合式

这五种古典柱式可以通过柱头来区分，托斯卡纳式柱
头最为简洁，混合式柱头则更加精致华丽。除此之
外，它们的柱身和柱基的长度和比例也有所区分，
由檐口、檐壁和额枋构成的檐部在细节和比例上也
不尽相同。

托斯卡纳式

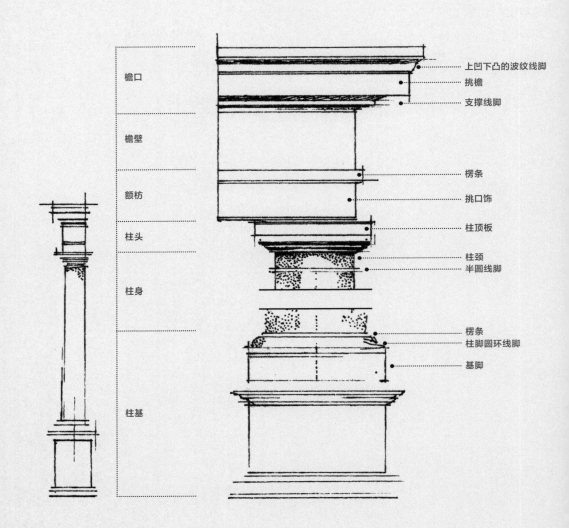

檐口	上凹下凸的波纹线脚
	挑檐
	支撑线脚
檐壁	
额枋	楞条
	挑口饰
柱头	柱顶板
	柱颈
柱身	半圆线脚
	楞条
	柱脚圆环线脚
	基脚
柱基	

托斯卡纳式由古罗马人发明，造型简洁，类似多立克式，但在比例上又
更接近爱奥尼式。

多立克式

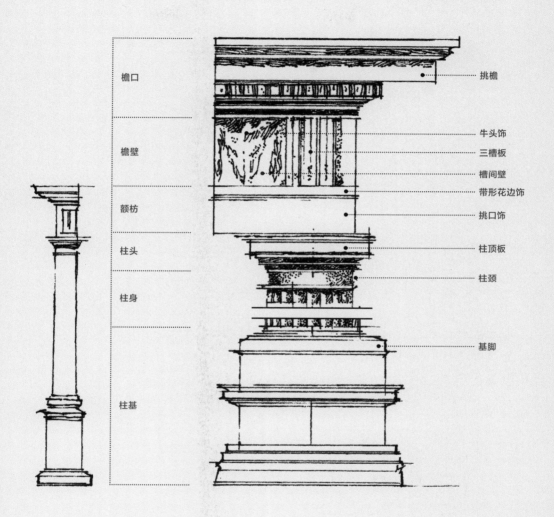

檐口	挑檐
檐壁	牛头饰 三槽板 槽间壁 带形花边饰 挑口饰
额枋	
柱头	柱顶板 柱颈
柱身	基脚
柱基	

多立克式被认为是古希腊柱式中最为简洁的一种，柱头为简单的圆柱形。
图中所示为罗马的多立克式，相比希腊的多立克式，它增添了额外的装
饰元素，如额枋内的牛头饰。

爱奥尼式

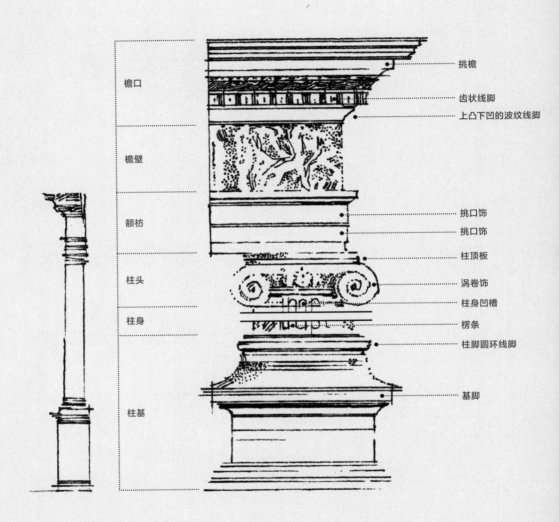

檐口

檐壁

额枋

柱头

柱身

柱基

挑檐

齿状线脚

上凸下凹的波纹线脚

挑口饰

挑口饰

柱顶板

涡卷饰

柱身凹槽

楞条

柱脚圆环线脚

基脚

爱奥尼式由古希腊人发明，其特征是柱头边缘的涡卷饰。爱奥尼式通常有 24 条柱身凹槽，但也存在无凹槽的爱奥尼式立柱。柱头两端的涡卷饰一般处在同一平面上，但当柱子位于转角处时，涡卷饰会旋转 45 度，以适应观察角度的变化。

科林斯式

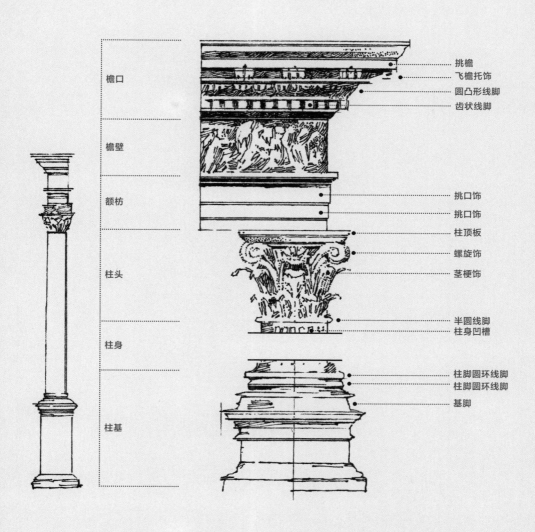

檐口
　挑檐
　飞檐托饰
　圆凸形线脚
　齿状线脚

檐壁

额枋
　挑口饰
　挑口饰
　柱顶板
　螺旋饰
　茎梗饰

柱头
　半圆线脚
　柱身凹槽

柱身

柱基
　柱脚圆环线脚
　柱脚圆环线脚
　基脚

科林斯式是最晚出现的古希腊柱式，也是最为精致的。柱头由螺旋形的
小涡卷饰、莨苕茎梗和叶片图案构成。科林斯式的柱身通常带有凹槽。

混合式

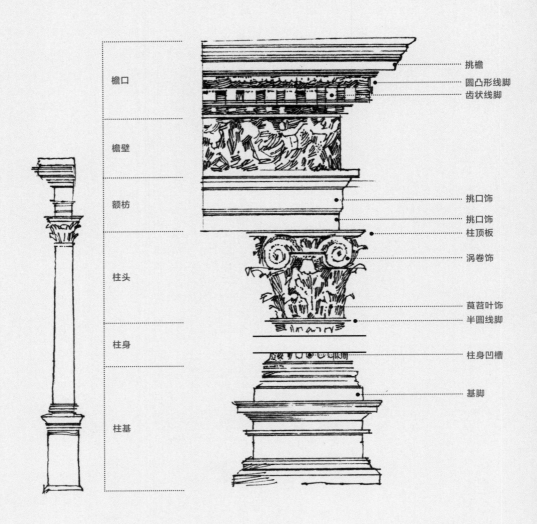

檐口	挑檐
	圆凸形线脚
	齿状线脚
檐壁	
额枋	挑口饰
	挑口饰
	柱顶板
柱头	涡卷饰
	莨苕叶饰
	半圆线脚
柱身	柱身凹槽
	基脚
柱基	

混合式发源于古罗马，混合了爱奥尼式和科林斯式。柱头大多将爱奥尼式的涡卷饰和科林斯式的莨苕叶饰相结合。混合式有着更丰富的细节，涡卷饰之间还增加了额外的装饰，柱头的比例往往比其他几种古典柱式的更大。

古希腊伊瑞克提翁神庙中的立柱
（比爱奥尼式有更多细节）

爱奥尼式

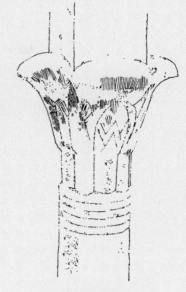

四叶棕榈叶式

科林斯式

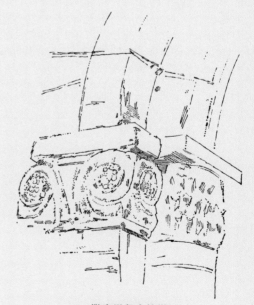

撒克逊复合柱墩

柱头是古典柱式的主要区别所在。但每种柱式依其所处地区及年代，会产生不同的变体。在古希腊和古罗马柱式以外，也有许多无法归于古典柱式的柱头形式，例如图示的棕叶饰柱头，以及来自英格兰桑普廷的圣母玛利亚教堂的有独特雕饰的撒克逊柱头。

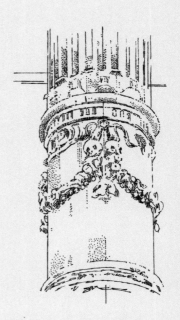

这根立柱上饰有垂花饰和柱身
凹槽。

随着结构技术的进步，立柱逐渐
成为图中这样的装饰构件。

这排立柱的柱顶板或上方拱券的
拱底座与墙体相连，在外墙和列
柱之间形成了一条通道。

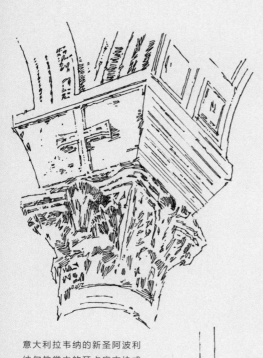

意大利拉韦纳的新圣阿波利
纳尔教堂中的拜占庭方块式
柱头。

哥特式柱头，在束柱柱体
之间也有雕饰。

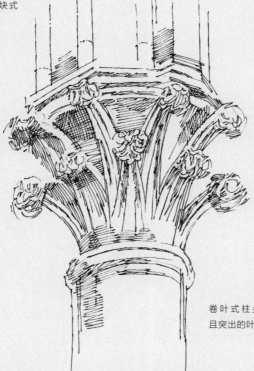

卷叶式柱头，有大
且突出的叶片图案。

塔　楼

　　塔楼通常是建筑中最高的部分，大多同时具有公共和宗教功能。有的塔楼细长，有的则粗矮。在公共领域，钟塔多是地标性建筑，常常起到凝聚当地社区的作用。宣礼塔和其他宗教性质的塔楼是宗教教义的视觉体现。防御塔则是对城堡、城墙等防御工事的加固措施。

清真寺的宣礼塔用于召唤信众礼拜。图中位于埃及阿斯旺的塔比亚清真寺有一对十分醒目的宣礼塔。

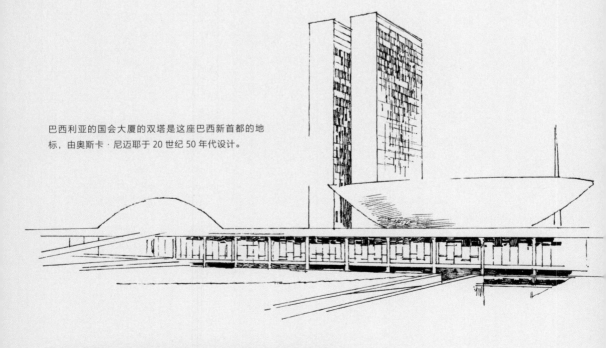

巴西利亚的国会大厦的双塔是这座巴西新首都的地标，由奥斯卡·尼迈耶于 20 世纪 50 年代设计。

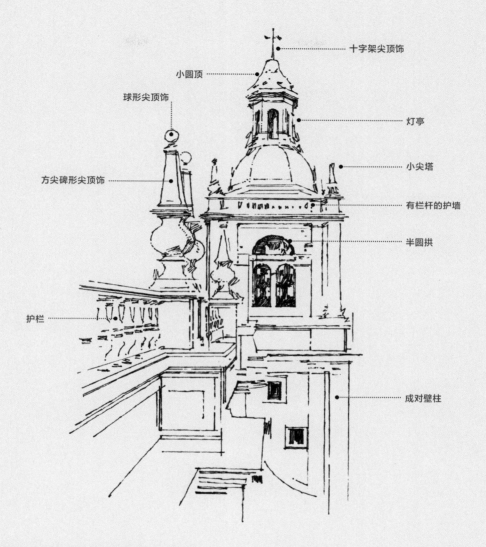

十字架尖顶饰

小圆顶

球形尖顶饰

灯亭

方尖碑形尖顶饰

小尖塔

有栏杆的护墙

半圆拱

护栏

成对壁柱

图中的城外圣文森特修道院位于葡萄牙里斯本，修道院的塔楼为方形，塔顶有小巧的穹顶、灯亭和小圆顶，塔楼四角的转角线上立有小尖塔。

英格兰利兹的圣三一教堂有一座
高耸的钟塔，塔身为阶梯状，逐
级向上缩小。塔内既有吊钟，也
有时钟，二者都具有重要的公共
功能。

这座钟楼是威尼斯圣马可广场的
地标，这类钟楼往往是独立的结
构，不附属于其他建筑。

爱尔兰的尼纳城堡是一座典型的
诺曼式城堡。图中这座圆形塔楼
的顶部有一圈垛口。

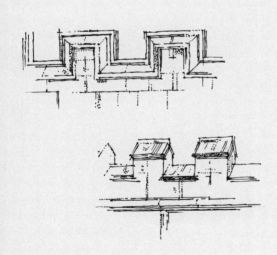

图中所示是两种中世纪防御工事顶部的城垛，突起的
部分能提供保护，凹陷的部分则便于各类武器攻击。

这是一座典型的哥特式塔楼，有细长的塔尖和尖顶
饰。塔身上三扇并列的哥特式窗户使塔楼显得更为修
长轻盈。

英国汉普顿宫曾是亨利八世的王宫。这座城门楼附有塔楼、角楼和烟囱，高低错落，十分华丽，是都铎式建筑中的佼佼者。

带圆形塔楼的教堂以其盎格鲁－撒克逊式构造而闻名，主要分布于英国东安格利亚地区，但也偶见于其他地区。图中这座教堂位于东萨塞克斯郡的索斯伊斯村，塔楼用当地的燧石砌成。

德国新天鹅堡的塔楼显得格外高峻，这是因为整座城堡建在一处高地，高于周围任何建筑，看起来强大有力、坚不可摧。

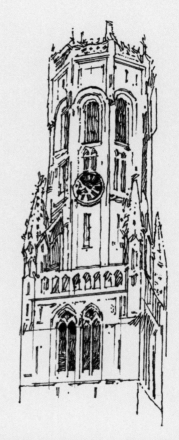

荷兰阿尔斯梅尔的这座水塔建于1928年，为装饰艺术风格，由亨德里克·桑斯特设计。细长的塔身由红砖砌成，外部有扁平的混凝土材质的装饰。

图中的钟塔位于比利时布鲁日，是市中心的地标建筑。这座中世纪的钟塔原本有一个木质塔尖，但在1493年和1741年经历了两次烧毁。1822年，塔顶加盖了镂空雕花的石质护墙，为哥特复兴风格。

拱券和拱廊

　　拱券是一种跨越一定距离并构成某种开口的结构。结构性拱券可以将承重均匀传递至拱的两侧，在上部有新增重量时增强建筑的稳定性。拱券可以是独立的，也可以是装饰性的。装饰性拱券（假拱）附于墙面，中间没有开口；一排连续的独立拱券便可形成拱廊。拱券由立柱或柱墩支撑，通常构成拱门或走廊，也常用作外立面或门窗的装饰元素。

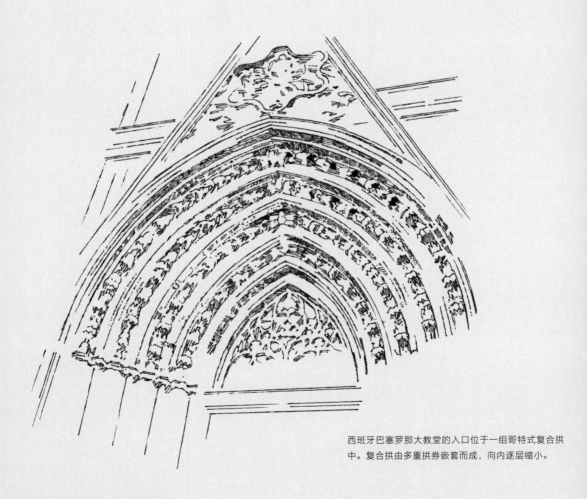

西班牙巴塞罗那大教堂的入口位于一组哥特式复合拱中。复合拱由多重拱券嵌套而成，向内逐层缩小。

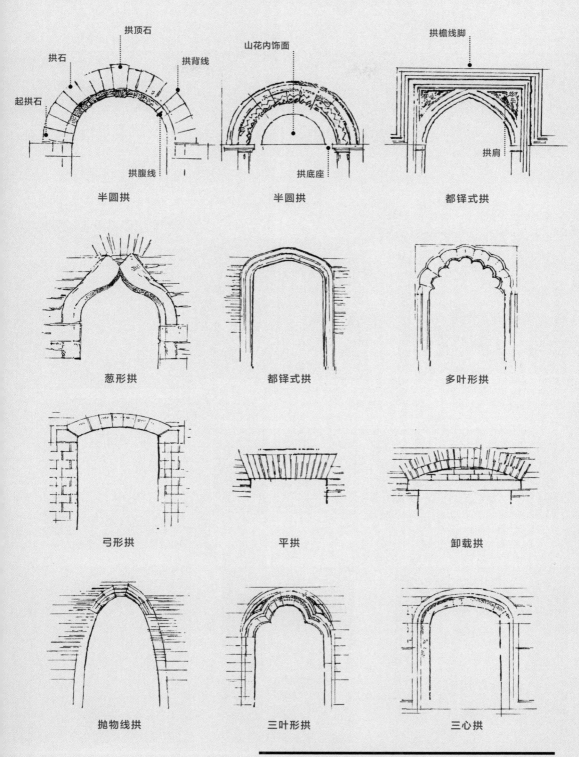

拱顶石

拱石

拱背线

拱顶石

起拱石

拱腹线

半圆拱

山花内饰面

拱底座

半圆拱

拱檐线脚

拱肩

都铎式拱

葱形拱

都铎式拱

多叶形拱

弓形拱

平拱

卸载拱

抛物线拱

三叶形拱

三心拱

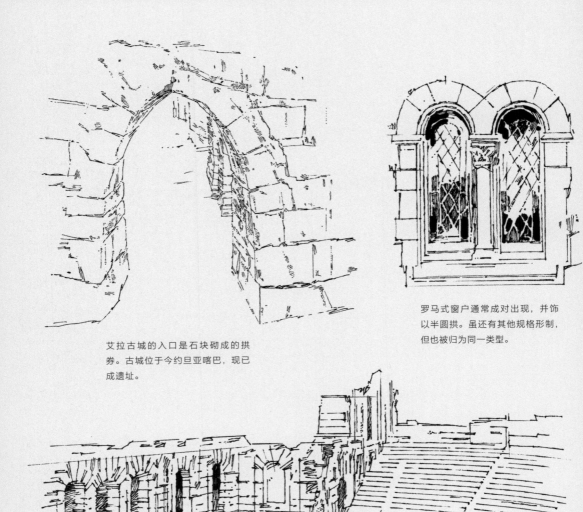

艾拉古城的入口是石块砌成的拱
券。古城位于今约旦亚喀巴，现已
成遗址。

罗马式窗户通常成对出现，并饰
以半圆拱。虽还有其他规格形制，
但也被归为同一类型。

希罗德·阿提库斯剧场是一座古
希腊露天剧场，位于希腊雅典卫
城的山坡上。剧场的舞台背景墙
上有多排连续拱券。

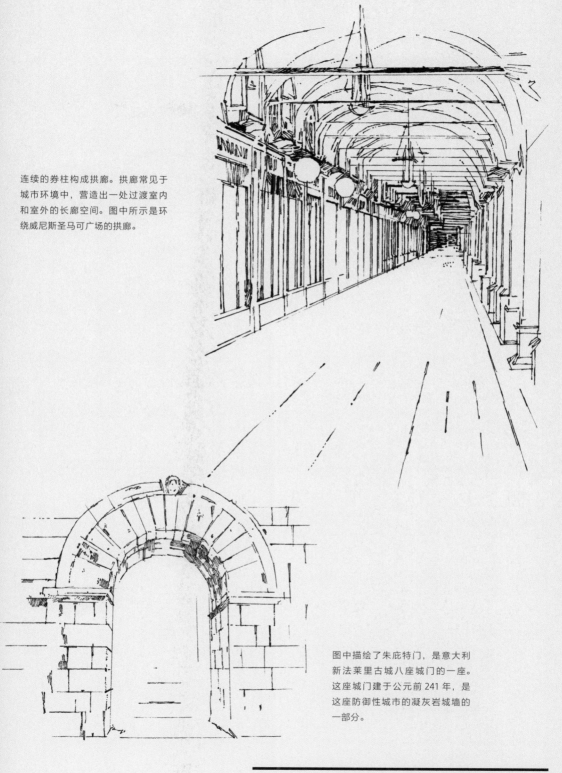

连续的券柱构成拱廊。拱廊常见于城市环境中，营造出一处过渡室内和室外的长廊空间。图中所示是环绕威尼斯圣马可广场的拱廊。

图中描绘了朱庇特门，是意大利新法莱里古城八座城门的一座。这座城门建于公元前241年，是这座防御性城市的凝灰岩城墙的一部分。

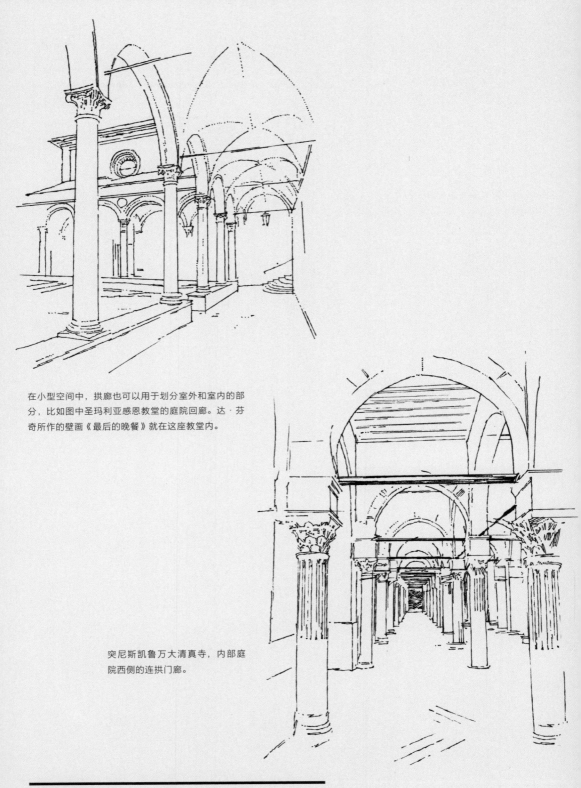

在小型空间中，拱廊也可以用于划分室外和室内的部分，比如图中圣玛利亚感恩教堂的庭院回廊。达·芬奇所作的壁画《最后的晚餐》就在这座教堂内。

突尼斯凯鲁万大清真寺，内部庭院西侧的连拱门廊。

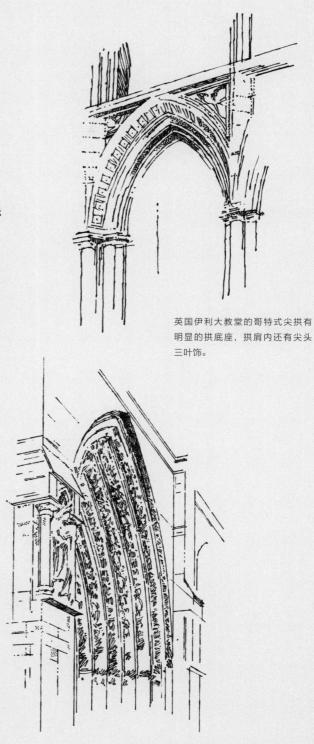

英国伊利大教堂的哥特式尖拱有明显的拱底座，拱肩内还有尖头三叶饰。

哥特式三叶形拱，上有精美的雕饰。

哥特式复合拱，雕塑性的壁龛两侧饰有立柱。

入口和门道

　　入口和门道是每座建筑极为重要的部分，它们标志着室内外的分界。人们在这里与一座建筑产生直接接触，也经由这里进入神圣的内部空间。有的建筑仅简单地用一扇大门分隔内外，有的则使用一个长长的入门空间。此外，门道也通常体现了整座建筑的风格，并在入口处便显示着内部空间的规划。

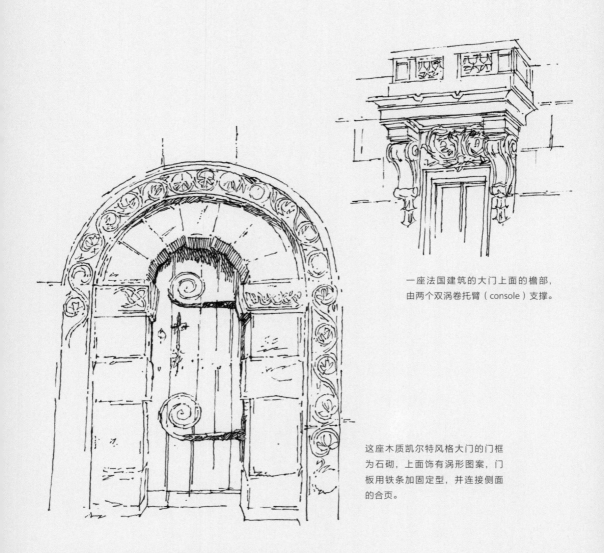

一座法国建筑的大门上面的檐部，由两个双涡卷托臂（console）支撑。

这座木质凯尔特风格大门的门框为石砌，上面饰有涡形图案，门板用铁条加固定型，并连接侧面的合页。

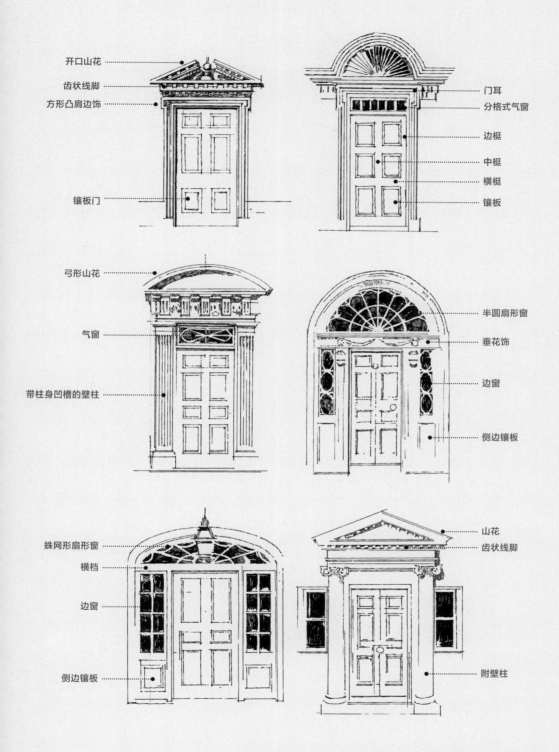

开口山花

齿状线脚

方形凸肩边饰

镶板门

门耳

分格式气窗

边梃

中梃

横梃

镶板

弓形山花

气窗

带柱身凹槽的壁柱

半圆扇形窗

垂花饰

边窗

侧边镶板

蛛网形扇形窗

横档

边窗

侧边镶板

山花

齿状线脚

附壁柱

这扇乔治亚风格的大门位于伦敦
富尼耶大街，门上的气窗使光线
能进入室内。

这扇哥特式的木门上有着精致的铁条花
纹。凸起的门套为石质，拱肩内有雕饰。

波兰托伦历史博物馆有一座壮观的拱门，顶部的装饰
拱顶石是一座雕刻头像，并且和拱肩及檐部内的人物
雕刻图案相呼应。

这个美国褐砂石住宅的入口高于路面,将主楼层抬高的同时为地下室留出了足够的层高。大量连栋房屋都有着这样的设计,它们最初是为了将住宅和街道上的垃圾隔开。

这是一扇典型的摩洛哥式锁眼形大门。有两道金属门板,门套上半部分有极为精巧的雕饰。

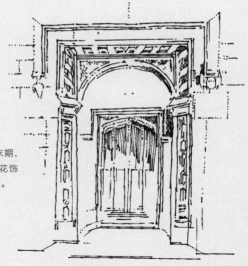

垂直哥特式产生于哥特时期末期,正如图中所示,这一风格的花饰窗格和镶板都以垂直元素为主。

窗　户

　　窗户有两大主要功能：使自然光和空气进入室内、使人在室内看到外面的风景。把窗户看作是墙上的开孔，可以帮助我们从功能而非建造方式或风格的角度理解它们，从而能够更清晰地解读不同的设计是如何实现窗户的两大主要功能的。最早的窗户没有玻璃，仅仅是墙上的开口。古罗马玻璃工艺的发展带来了新的窗户形式。今天，结构、材料和系统工程技术的发展仍在为窗户带来新的可能性，并深刻影响了我们居住活动的空间。

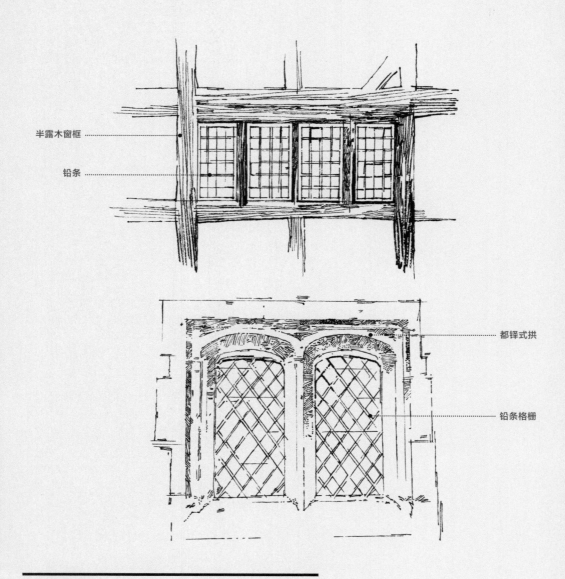

半露木窗框

铅条

都铎式拱

铅条格栅

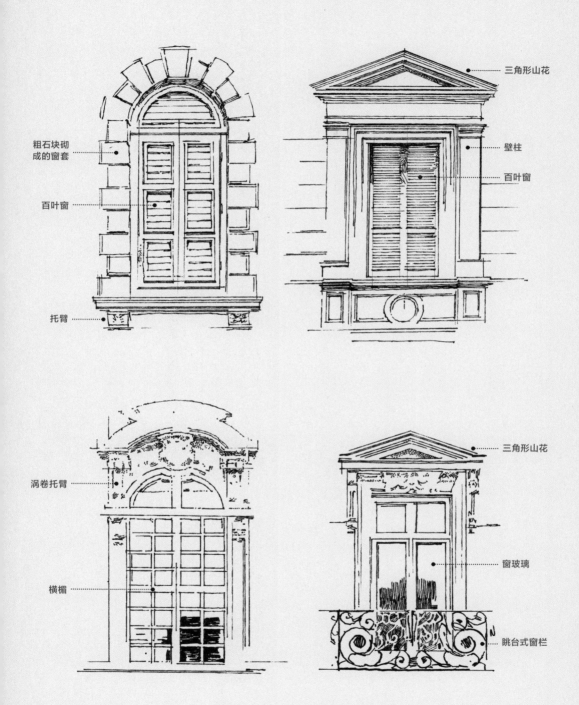

粗石块砌
成的窗套

百叶窗

托臂

三角形山花

壁柱

百叶窗

涡卷托臂

横楣

三角形山花

窗玻璃

眺台式窗栏

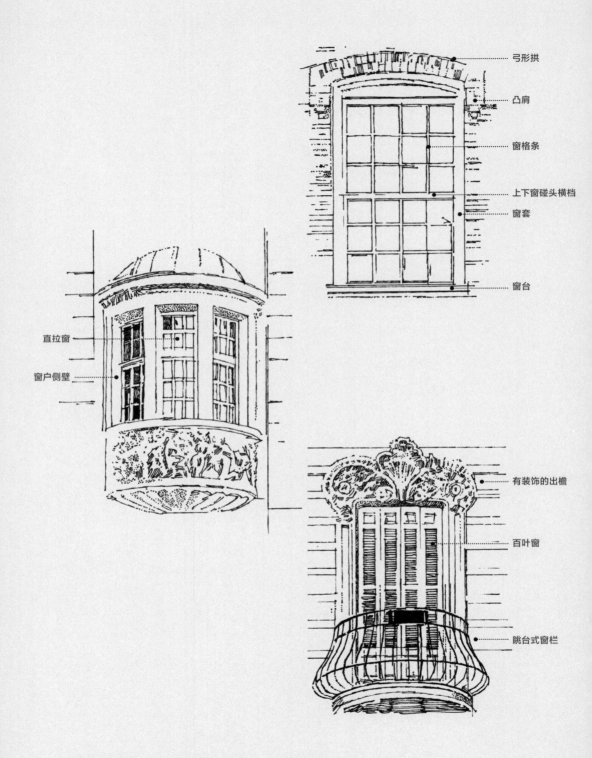

弓形拱

凸肩

窗格条

上下窗碰头横档

窗套

窗台

直拉窗

窗户侧壁

有装饰的出檐

百叶窗

眺台式窗栏

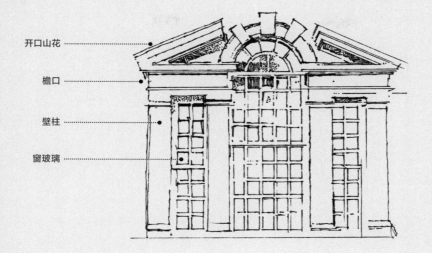

开口山花 ·········

檐口 ·········

壁柱 ·········

窗玻璃 ·········

图中的老虎窗探出坡屋顶平面，是一种典型的屋顶窗。老虎窗多用于增加屋顶阁楼的空间，并增加采光。

屋顶斜孔小窗较矮，稍微高于屋顶坡面，只能提供一个小小的视野范围。

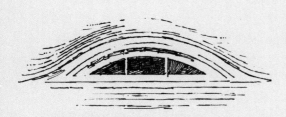

另一种屋顶窗是眉窗，呈弧面拱起，为阁楼增加采光。

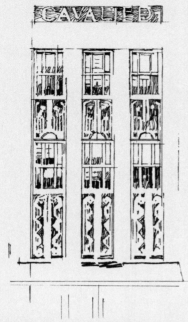

美国佛罗里达州迈阿密的骑士酒店有着装饰艺术风格的窗户，每列窗户之间还装饰有精美的镶板。

这扇固定窗位于英国伦敦公主宫地带的一栋大楼的入口旁，上有装饰艺术风格的几何图案窗框。

萨伏伊别墅是勒·柯布西耶在法国巴黎近郊的作品，其设计严格遵循了他本人提出的建筑五大主张，并被他称为"居住的机器"。别墅底层架空，好似悬浮在地面上。现代主义的带状长窗环绕整栋建筑，不仅强调了房屋的水平式设计，也使周围的景致得到充分利用。

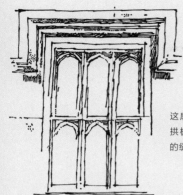

这扇哥特式窗户的顶部饰有矩形拱檐线脚，以封住嵌装玻璃上部的缝隙。

一扇有多叶饰的哥特式窗户。作为建筑中的装饰元素，这种形状是对一片对称叶片的抽象化表达。

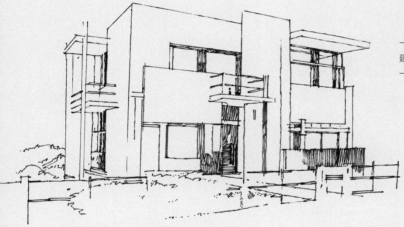

施罗德住宅位于荷兰乌得勒支，由赫里特·里特维尔德设计，是荷兰风格派建筑的典范。除了开放布局和明晰的横纵元素等该派的重要特征外，这栋住宅还利用窗户的组合设计模糊了室内外的界限，使住宅在视觉上显得更为开放通透。

一扇越南的雕花窗。

菲利普·约翰逊设计的玻璃屋位于美国康涅狄格州。这栋现代主义住宅的外墙完全是玻璃幕墙，每片玻璃宽 5.5 米，以黑色钢柱和工字钢为框架。

这扇平开窗位于一面山墙的顶端，其所属的卡森庄园是一栋维多利亚－安妮女王风格盛期的别墅，坐落在美国加利福尼亚州尤里卡。

这扇雕花窗来自中国湖南芙蓉镇。窗格花纹造型别致，方中有圆，自相对称。

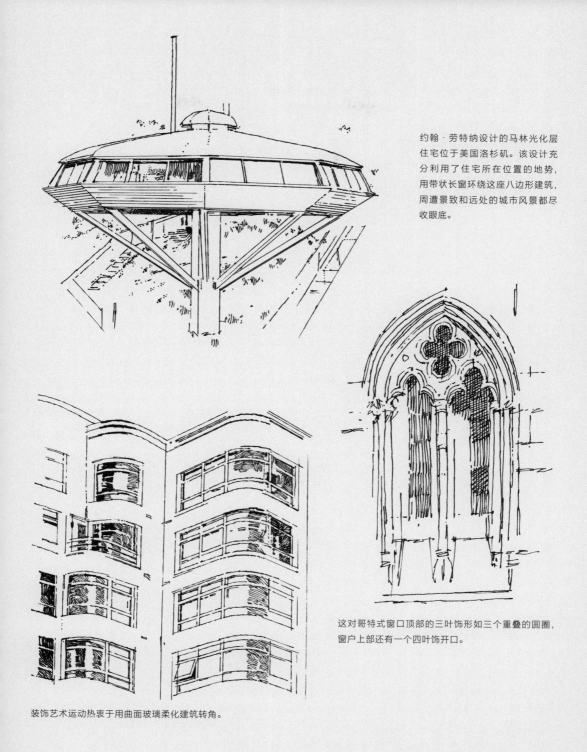

约翰·劳特纳设计的马林光化层住宅位于美国洛杉矶。该设计充分利用了住宅所在位置的地势，用带状长窗环绕这座八边形建筑，周遭景致和远处的城市风景都尽收眼底。

这对哥特式窗口顶部的三叶饰形如三个重叠的圆圈，窗户上部还有一个四叶饰开口。

装饰艺术运动热衷于用曲面玻璃柔化建筑转角。

这是一个典型的哥特式全盛时期的立面，有玫瑰花窗和扁
条式花饰窗格。扁条式花饰窗格使用了薄石条中梃，取代
了在视觉和结构上都更为厚重的平板式花饰窗格。

图中是美国褐砂石住宅中常见的斜面凸窗，它突出于建筑主体的立面之外，拓宽了主楼层的室内空间和视野。

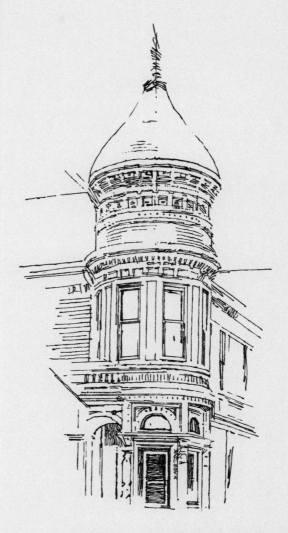

这栋被称为"粉红女郎"的别墅位于美国加利福尼亚州尤里卡，转角处的圆形凸窗内是一个圆形的空间，同时也是这处角楼的基部。

山花和山墙

最早的山花起源于古希腊建筑，是置于柱顶过梁上方的三角形构件。与之相似的山墙通常也呈三角形，是屋顶坡面之间的夹角部分。但有时山墙也可向上伸出，遮盖住屋脊，形成一堵山墙护墙。这种做法在荷兰式和开普荷兰式建筑中较为常见。

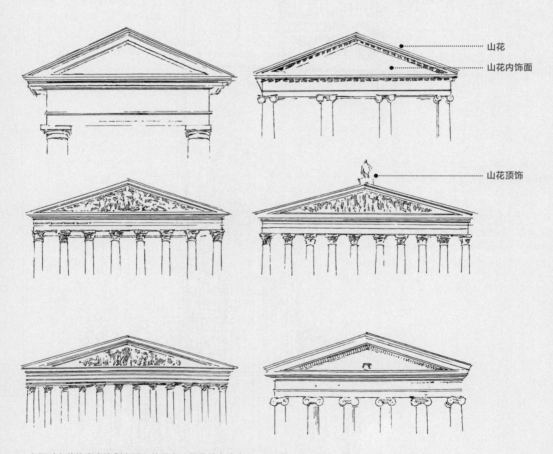

山花

山花内饰面

山花顶饰

人们对山花的高宽比例有深入的研究，但尽管有确立的比例规范，其具体形制仍然受到建造时代、建造方式和柱式的影响。古希腊人首先建立了山花比例系统，这一系统在历史进程中不断被调整、改进。

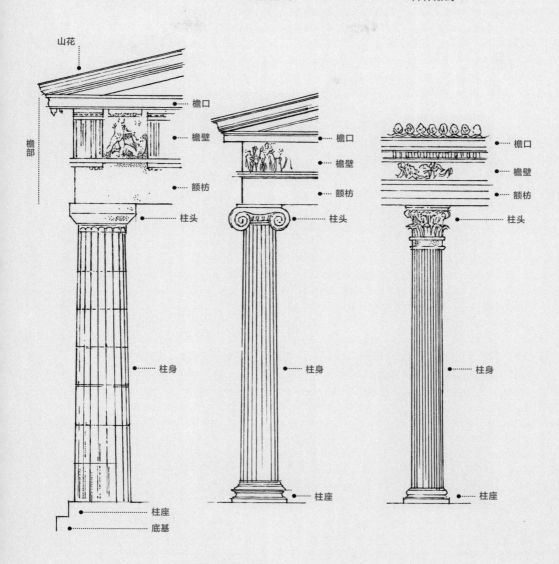

多立克式   爱奥尼式   科林斯式

山花

檐口

檐壁

檐部   额枋

柱头

柱身

柱座

底基

柱头

檐口

檐壁

额枋

柱身

柱座

檐口

檐壁

额枋

柱头

柱身

柱座

多立克式、爱奥尼式和科林斯式为古希腊柱式，有一
套明晰的比例、轮廓和细节规范。古希腊建筑中的立
柱最初为结构部件，而后古罗马人发展了拱券，立柱
及山花便成为兼具结构和装饰功能的构件。

三角形山花

内有小圆盘饰的三角形山花

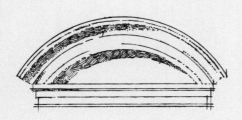

有突出檐口的弧形山花

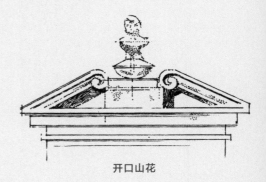

开口山花

交叉山花

反向天鹅颈山花

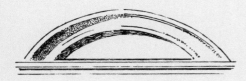

弓形山花

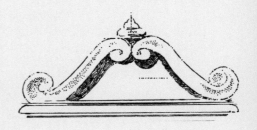

天鹅颈山花

小型的山花也可用作门窗的装饰。为适应不同时期和风格的审美需求，山花造型干变万化，十分丰富。

顶部向内收进的弓形山花

开口三角形山花

底部向内收进的三角形山花

底部向内收进的弓形山花

底部向内收进的开口弓形山花

正面山墙　　　　　　　　　　　　　　側面山墙

开普荷兰式建筑是南非西开普省的建筑风格，深受历
史上荷兰殖民活动的影响。如图中所示，这类建筑既
有精美的正面山墙，也有简洁的侧面山墙。

阶梯式山墙

圆凸式山墙

颈状山墙

巴洛克风格山墙

荷兰式山墙的两侧通常不是简单的直线，并且超出屋脊和屋顶坡面。山墙的顶部往往还有一个小山花或其他装饰。

屋 顶

　　屋顶最主要的功能是保护内部空间免受外部的侵扰。屋顶样式丰富，结构各异，反映出建筑所处的地域、时代和风格，它们也可以完全作为排水、应对积雪和遮阳等功能性的构件。同时，屋顶也有许多美学的考量，它可能会体现出建筑是公共地标还是宗教场所，或是否有保护生态的目的。常见的屋顶形状有坡屋顶、平屋顶、穹顶、四坡屋顶、山墙屋顶、单坡屋顶、芒萨尔式屋顶、葱形屋顶、复斜屋顶、筒形屋顶和蝶形屋顶，但许多当代建筑的屋顶并不属于这些类别。

不同单坡屋顶的倾斜度可能有别，但形式上都是单个无折线的坡面。图中为美国科罗拉多州的洛奇波尔度假酒店，有一面微斜的单坡屋顶，由 Arch 11 建筑设计事务所设计。

这栋建筑的山墙边缘为直线，屋顶无出檐的设计使外墙仿佛是屋顶面的延伸。

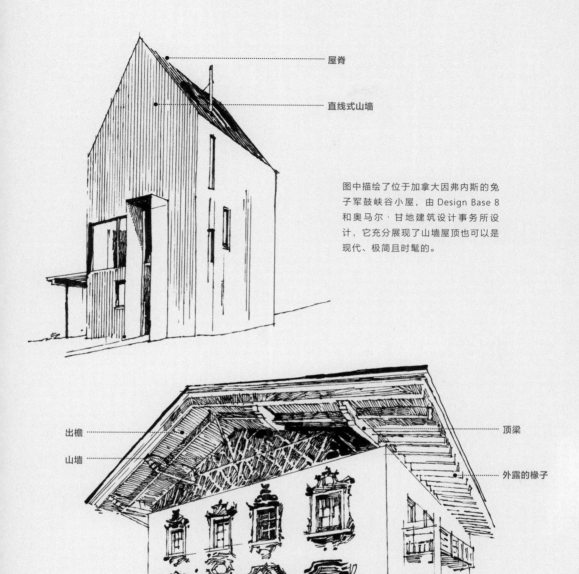

屋脊

直线式山墙

图中描绘了位于加拿大因弗内斯的兔子军鼓峡谷小屋，由 Design Base 8 和奥马尔·甘地建筑设计事务所设计，它充分展现了山墙屋顶也可以是现代、极简且时髦的。

出檐

山墙

顶梁

外露的椽子

这栋传统巴伐利亚房屋位于德国加米施－帕滕基兴，屋顶出檐很宽，是为了应对该地区冬季丰沛的降雪。

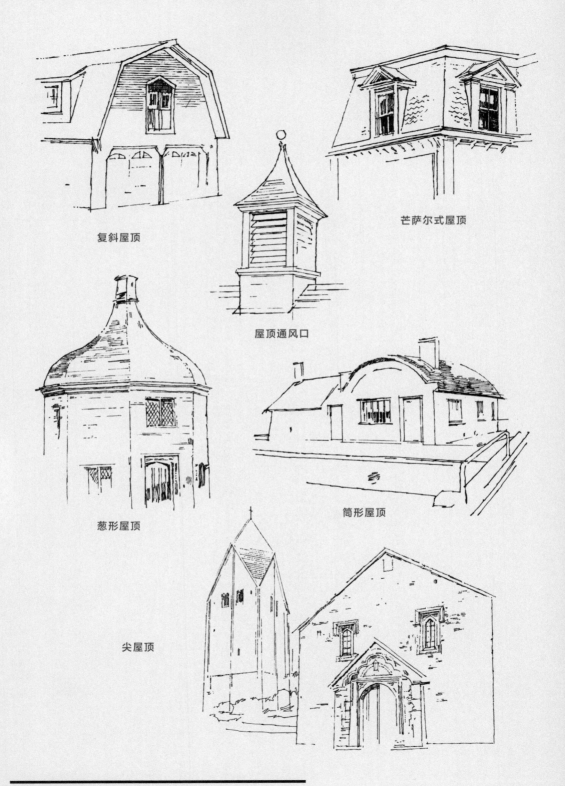

复斜屋顶

芒萨尔式屋顶

屋顶通风口

葱形屋顶

筒形屋顶

尖屋顶

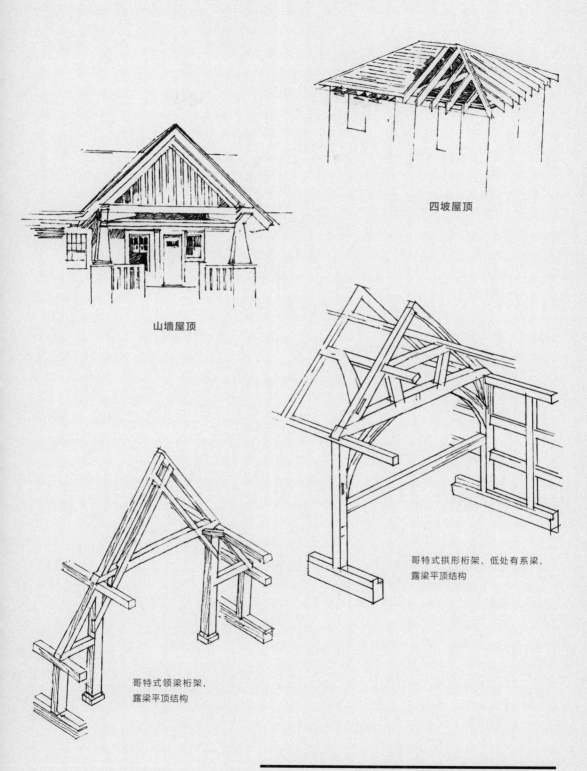

四坡屋顶

山墙屋顶

哥特式拱形桁架，低处有系梁，
露梁平顶结构

哥特式领梁桁架，
露梁平顶结构

这座中国佛寺建筑有出挑上翘的屋檐，屋檐下悬挂着圆灯笼，屋脊上有脊兽。

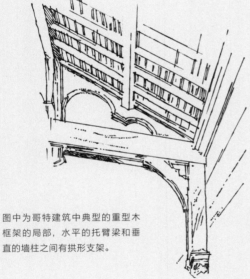

图中为哥特建筑中典型的重型木框架的局部，水平的托臂梁和垂直的墙柱之间有拱形支架。

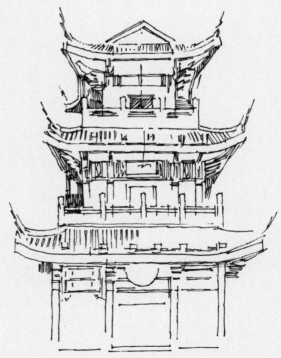

中国建筑典型的飞檐翼角。

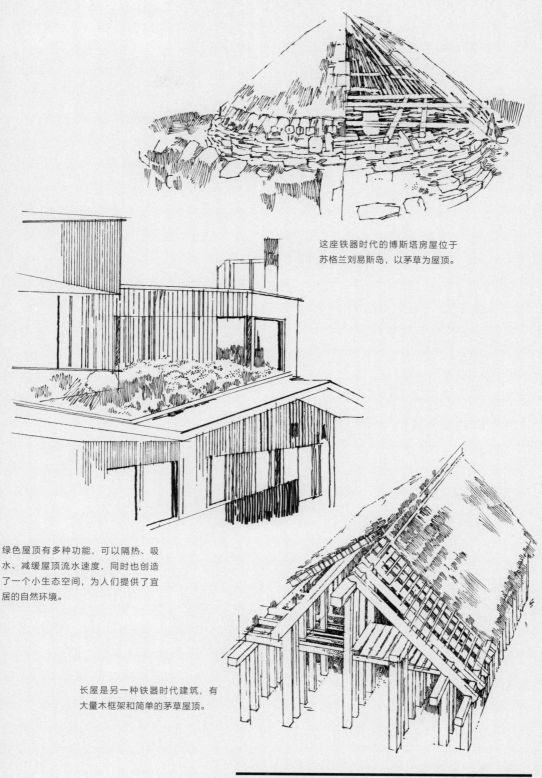

这座铁器时代的博斯塔房屋位于
苏格兰刘易斯岛，以茅草为屋顶。

绿色屋顶有多种功能，可以隔热、吸
水、减缓屋顶流水速度，同时也创造
了一个小生态空间，为人们提供了宜
居的自然环境。

长屋是另一种铁器时代建筑，有
大量木框架和简单的茅草屋顶。

拱　顶

　　拱顶是一种跨越开放空间的连续曲面。作为一种在古罗马时期之前便开始使用的系统，拱顶随着结构技术的进步而愈加复杂。最简单的拱顶是筒形拱顶，然后是交叉拱顶、拱肋拱顶和扇形拱顶，它们的功能都是将高处的重量转移到墙、立柱或柱墩等支撑结构上。不过拱顶也会产生侧推力，这可以通过多种方法解决，其中最为常见的解决方案是飞扶壁。

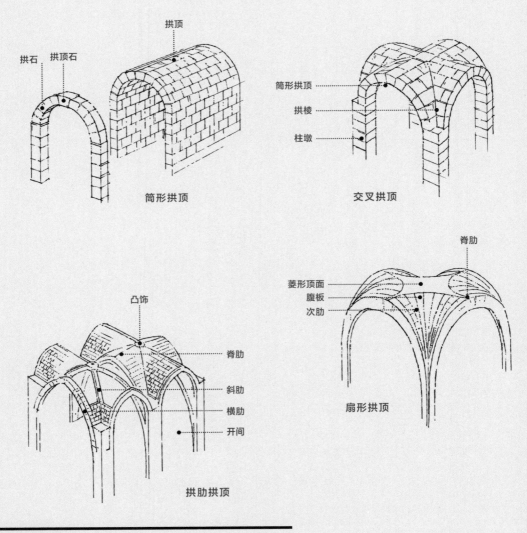

拱石　拱顶石　拱顶

筒形拱顶

筒形拱顶

拱棱

柱墩

交叉拱顶

凸饰

脊肋

斜肋

横肋

开间

拱肋拱顶

脊肋

菱形顶面

腹板

次肋

扇形拱顶

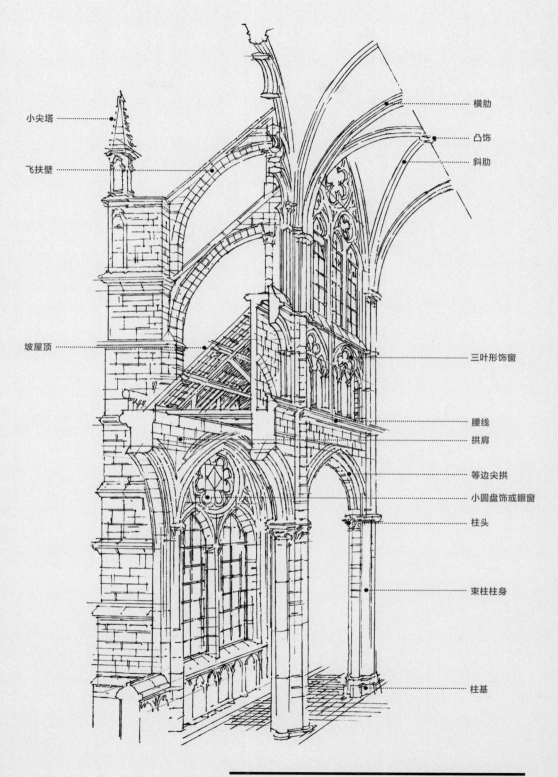

小尖塔 ....

飞扶壁 ....

坡屋顶 ....

横肋

凸饰

斜肋

三叶形饰窗

腰线

拱肩

等边尖拱

小圆盘饰或眼窗

柱头

束柱柱身

柱基

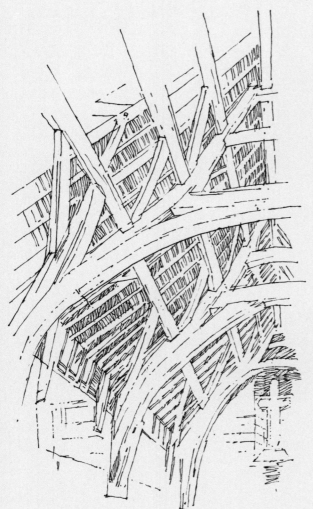

交叉拱顶本质上是由两个筒形拱顶交叉而成，推力和载荷先集中，再沿拱棱传递。图中的拱顶来自帕拉第奥设计的帕拉第阿娜大教堂，位于意大利维琴察。

这座什一税谷仓有曲木拱顶，大型木框架置于石砌的墙壁上，而不与地面相接。

图中的交叉拱顶来自叙利亚骑士堡的一间拱室。骑士堡建于 11—12 世纪，是世界上保存最完好的中世纪城堡之一。

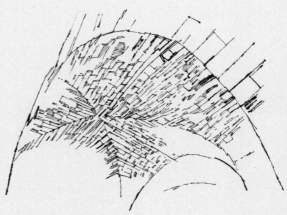

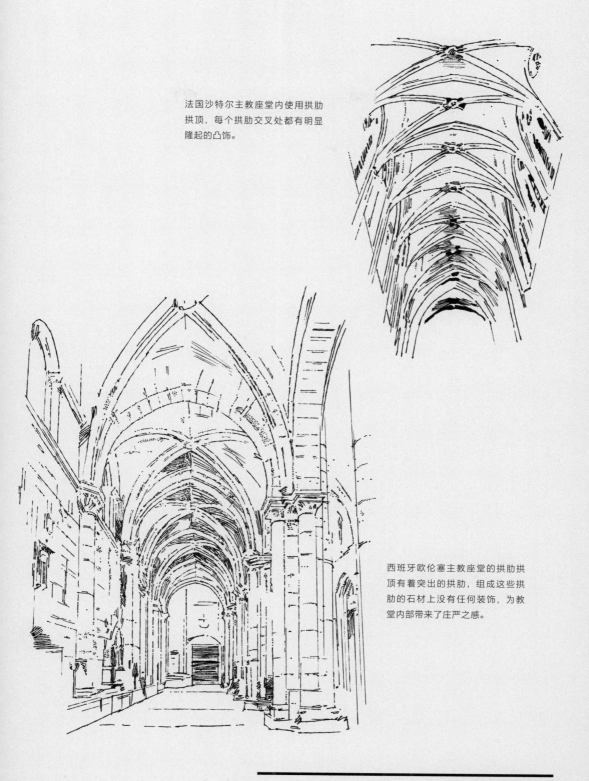

法国沙特尔主教座堂内使用拱肋拱顶，每个拱肋交叉处都有明显隆起的凸饰。

西班牙欧伦塞主教座堂的拱肋拱顶有着突出的拱肋，组成这些拱肋的石材上没有任何装饰，为教堂内部带来了庄严之感。

楼　梯

　　楼梯几乎有无穷无尽的样式，有简单的螺旋形楼梯，也有宽阔华丽的大型楼梯。尽管不同的楼梯有各异的造型、结构和具体用途，但它们的根本功能都是连接建筑的不同楼层或景观的高低各部。楼梯的核心元素在历史中其实并未发生改变，但由于建筑风格的转变、材料和结构技术的进步以及建筑规范和安全规定的完善，楼梯的外观得到了极大的改变。

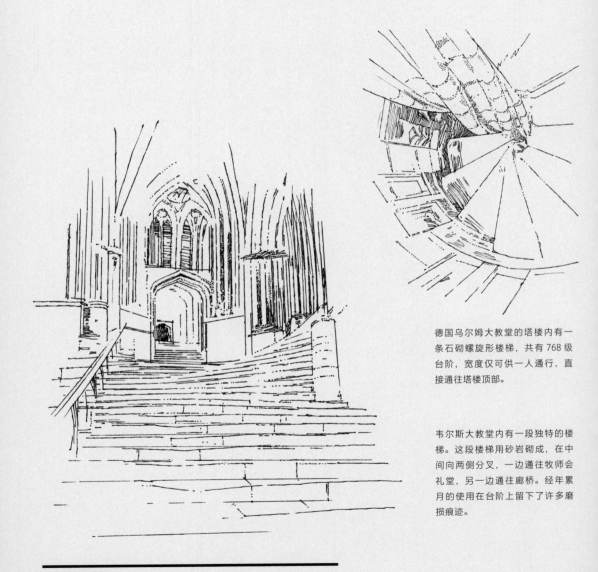

德国乌尔姆大教堂的塔楼内有一条石砌螺旋形楼梯，共有 768 级台阶，宽度仅可供一人通行，直接通往塔楼顶部。

韦尔斯大教堂内有一段独特的楼梯。这段楼梯用砂岩砌成，在中间向两侧分叉，一边通往牧师会礼堂，另一边通往廊桥。经年累月的使用在台阶上留下了许多磨损痕迹。

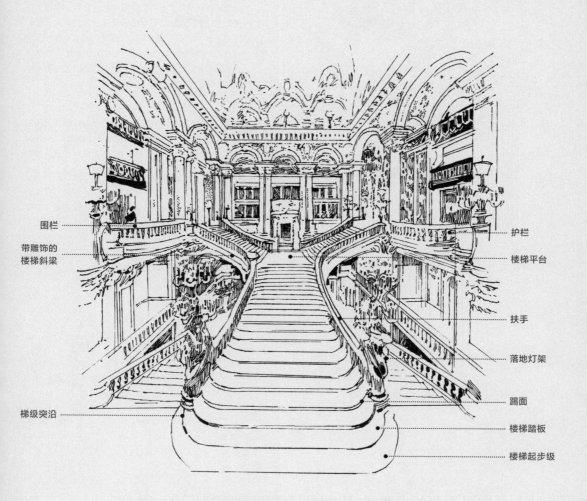

围栏 ....

带雕饰的
楼梯斜梁 ....

梯级突沿 ....

护栏

楼梯平台

扶手

落地灯架

踢面

楼梯踏板

楼梯起步级

法国巴黎歌剧院的大楼梯有白色大理石的台阶，护栏
使用了相间的红色和绿色大理石。起始于一层的楼梯
为双直梯式，在此处合并为一段大楼梯后，向上延伸
至中段平台，然后再次分为左右两条。

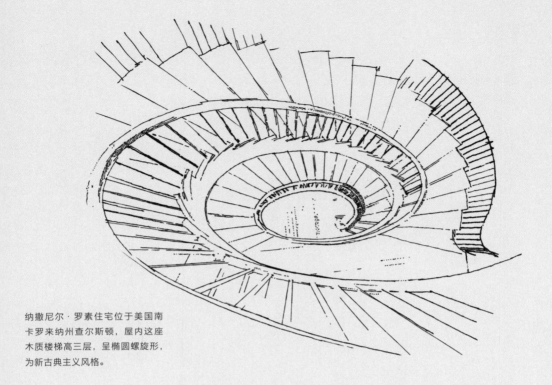

纳撒尼尔·罗素住宅位于美国南
卡罗来纳州查尔斯顿，屋内这座
木质楼梯高三层，呈椭圆螺旋形，
为新古典主义风格。

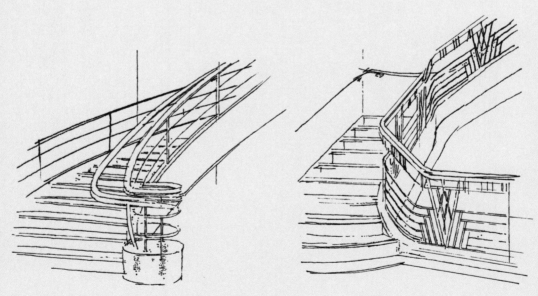

装饰艺术风格的楼梯通常采用流线型的金属扶手，扶
手围栏上多饰有几何图案。

带梯井式楼梯平面为矩形，围绕开放的中庭上升。图中大理石楼梯的最低几级向外延伸，端头处有圆形的梯级突沿。

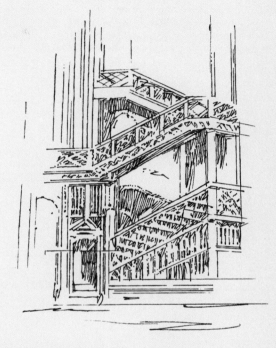

法国鲁昂大教堂内的这段石质楼梯又称作"书商楼梯"，为哥特式晚期风格，整体无遮挡，布满了镂空雕花。楼梯上面的部分为后期加盖，修建于图书馆上方的新楼层之后。

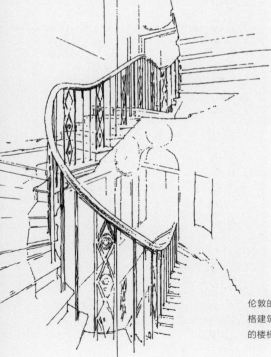

伦敦的约翰·索恩爵士博物馆是一栋传统的乔治亚风格建筑，室内楼梯为典型的旋梯，即转角处不设平台的楼梯。

术语表

小内室（adytum/adyton）

神庙内殿中的小圣殿，仅有祭司或特定神职人员可进入。

古典风格（all'antica）

意大利文艺复兴时期的一种建筑风格，主要是借鉴古罗马建筑。但机遇、创新性和限制条件会使这类建筑带有反思性和改良性，而不是对古罗马建筑简单地复制模仿。例如温琴佐·萨比奥内塔（1552—1616年）在狭窄的城市地块上设计的古代剧院（1590年）。

读经台（ambo）

基督教教堂讲道坛的早期形式，用于向信众诵读福音书和使徒书信。读经台通常为一个小型可活动的阶梯式讲台，大多有栏杆。

觐见大殿（apadana）

阿契美尼德（波斯）帝国时期特有的建筑形式。殿内有列柱，殿外在北、东和西三个方向设三条门廊，有大楼梯、石柱和木顶梁。

拱（arch）

拱是一种弯曲、开敞的结构，其横向侧推力由两端的拱座承担。开敞的拱结构，例如桥梁，需要内侧推力以保证拱的两端结构稳定。拱两侧的固定点可以是天然的（如河岸或峡谷），也可以是人造的（如扶壁）。西方建筑和伊斯兰建筑都大量使用拱结构，其中尖拱是二者共有的元素，马蹄形拱和多叶形拱通常见于伊斯兰建筑中，而柳叶形尖拱、三叶形拱和都铎式拱则为西方建筑特有。

风塔（badgir）

这是一种传统波斯建筑，用于"捕获"风并将其输送到建筑内，在阿拉伯语中被称为"malqaf"。许多国家和地区的建筑都有风塔，其基本的四方造型不变，但风口形状不同。

华盖（baldachin）

一种放置在王座或教堂祭坛上方的室内顶篷。华盖结构多样，有垂吊的、独立的，也有从墙上悬挑的。

球场（ballcourt）

这种露天、形状狭长的运动场见于中部美洲地区，两个长边有砌墙。早期球场的短边方向是开放的，后期在两端增添了L形构造的矮墙。

布扎风格（Beaux-Arts）

布扎风格是一种包罗万象的建筑风格，流行于19世纪晚期和20世纪早期，主要借鉴并模仿了16—19世纪法国建筑的宏大气势和丰富的装饰细节。

护道（berm）

护道是突起的夯土障碍物或护墙。中世纪军事工程师在护墙和带围墙的水沟或护城河之间修建护道。当代建筑中仍有护道的身影，如掩土建筑中，护道有良好的隔热效果。

细木护壁板（boiserie）

法语词汇，指墙上的木镶板或仅覆盖下半部分墙面的护墙板，尤其指17—18世纪的一类有着精美浅浮雕的室内镶板。

遮阳板（brise-soleil）

一种固定的窗外遮阳构件，多见于气候炎热地区，通常为垂直或水平的翼状板，但也可以是透雕的砌筑石块。遮阳板虽然受勒·柯布西耶影响而盛行，但它源于伊斯兰国家的本土建筑。

扶壁（buttress）

一种用于支撑墙体的砖石或纯砖结构。扶壁有不同类型，接合式扶壁（clasping）包裹住整个转角；飞扶壁（flying）为拱形或半个拱形，用于抵消建筑内外的侧推力。更为简单原始的扶壁还包括成45度角斜向抵住墙壁的木板。

内室（cella）

也称内殿（naos），是古希腊和古罗马神庙中放置神像的室内空间。

查巴格花园（charbagh）

来自波斯的四边形花园形式，有四条沿轴线修建的通道或水道，这种风格对莫卧儿式花园布局产生了深重的影响。

查特里（chhatri）

位于屋顶上的有穹顶的小亭，主要用在印度建筑中，尤其是拉其普特人的建筑。

芝加哥窗（Chicago window）

一种三段式的玻璃窗，中间的窗子较大且不可开启，两侧的窗子较窄且为推拉窗。这种窗户常见于19世纪晚期和20世纪早期的芝加哥学派建筑中，其变体包括将侧窗改为平开窗。

中国风（chinoiserie）

一种模仿中国古建筑的建筑风格，尤其模仿了佛塔。这一风格在17—18世纪的欧洲十分流行。

祭坛天盖（ciborium）

基督教堂内在祭坛上方用柱子撑起的顶篷，和华盖类似。

天窗层（clerestory）
天窗层位于教堂内殿的上层，是侧廊屋顶之上的有窗区域。由于没有阻挡，天窗层可以为室内提供采光。这一术语也可以用于描述其他非宗教及住宅建筑中的类似结构。

科德石（Coade stone）
一种烧制的陶瓷质地的人造石，主材为白陶土，掺入了沙、燧石粉末、石英（使其玻璃化）和陶渣（废弃的陶瓷）。18 世纪时，埃莉诺·科德在英格兰地区推广了这种石材，她称这种材料为"复烧石"（Lithodipyra）。科德石直到 19 世纪早期仍十分盛行，人们用它制作纪念碑、雕塑和建筑装饰物。

耐候钢（Cor-ten/weathering steel）
耐候钢能够在表面形成锈层，保护内部，"Cor-Ten"是这种合金钢的商标名称。耐候钢会因气候、地理位置和使用时间的不同而产生多样的肌理，从而体现出不同的装饰效果。

科林斯式（Corinthian）
古希腊柱式，诞生于公元前 5 世纪，后成为古罗马建筑常用的柱式。科林斯式的特征是精致的柱头，上面有两层错落的莨苕叶和四个涡卷饰。

锯齿形的（crenellated）
用于描述有城垛的建筑，特别是那些凹下的部分（射击孔）和凸起部分（城齿）交替等距分布的护墙。

多立克式（Doric）
古希腊柱式，诞生于公元前 6 世纪早期。多立克式有柱身凹槽，直接立于神庙地面上而无柱基，柱头简洁无装饰。

开敞式有座谈话间（exedra）
一种半圆形或矩形凹处内的室外座椅。也可指代教堂中的半圆形后殿或墙上的壁龛。

风水（feng shui）
一种中国技艺，通过物品和房间的设置和布局来平衡阴阳，从而促进正确的能量流动。

钢丝网水泥（ferro cemento/ferrocement）
钢丝网水泥的基材由水泥和砂组成，有着石膏般的流动性。当将这种材料施于钢筋网上时，可以形成轻薄且具有可塑性的结构。这种材料大多仅有变形或开裂的问题，圆筒状的钢丝网水泥水箱因其结实耐用而闻名。

模板（formwork/shuttering）
现浇混凝土施工时，用于控制形状和尺寸的构造体系。材质上分为木模板、金属模板、玻璃纤维模板和塑料模具等，结构上有拆移式和固定式。模板（尤其是木模板）的纹路会压印到混凝土表面，有的建筑会在模板中放入定制的模板垫条，以造出需要的轮廓或纹理。

复斜屋顶（gambrel）
复斜屋顶有两面，每面上段坡缓，下段坡陡。

瞿布罗（gopura）
印度南部的印度教神庙中常见的门楼，通常成组出现，瞿布罗平面为方形，通道部分有筒形拱顶。12 世纪中期起，瞿布罗的体量不断增大，成了许多神庙建筑群中最为壮观的部分。

喷浆（gunite）
用压力喷枪喷涂的水泥、砂和水的混合物，可以形成一层细密厚实的硬混凝土壳。

高技派（High-Tech）
受到与工程和其他科技有关的材料及技术的启发的建筑风格。该名称来源于琼·克朗和苏珊·施莱辛关于室内设计的著作《高技派：工业风的家居素材手册》（1978年），并取代了对这类建筑在 20 世纪 70 年代的"工业风"的划分。

爱奥尼式（Ionic）
古希腊柱式，诞生于公元前 6 世纪中期的爱奥尼亚区（位于今土耳其境内）。爱奥尼式较为纤细，柱身凹槽更多，柱基带线脚，柱头饰有涡卷。

国际风格（International Style）
国际风格是一种由亨利－罗素·希区柯克和菲利普·约翰逊在 1932 年初次定义的建筑风格，强调建筑形式而非社会背景。国际风格从约 1925 年持续至 1965 年，根源为包豪斯学派和欧洲现代主义运动，这一风格的发展重心后转移至美国，之后又传播到世界各国。

伊万（iwan）
清真寺入口处的一间长方形厅室，通常在一端有半开放的拱顶。有时伊万也用于伊斯兰住宅中。

镂空窗板（jaali）
伊斯兰和印度建筑中的构件，镂空饰为书法或几何图案，在保证空气流通的同时也起到一定的遮挡作用。

百叶窗（jalousie windows/louvres）
百叶窗为安装在两条垂直轨道上的成排的水平玻璃或木制板条，可通过机械杆或中间的木棒控制开合。百叶窗常见于热带及亚热带地区的建筑中，且这些地区通常会安装双层百叶窗。可调整的叶片角度可以保证在暴雨时开窗也不会有雨水侵入。

拱顶石（keystone）
拱券或拱顶顶点处的楔形石块，通过侧推力的相互作用将其他拱石固定。

圣母堂（Lady Chapel）
专用于供奉圣母玛利亚的基督教礼拜堂，多为矩形布局。圣母堂在主教座堂中通常位于主祭坛东侧向外伸出的翼室，在次级教堂中则多位于祭坛南侧的翼室。

凉廊（loggia）
一侧或多侧开敞的列柱长走廊。开敞的一侧通常有某种景观，如广场或花园。

芒萨尔式屋顶（mansard roof）
各侧有两处坡面的四面式屋顶，下段坡面陡且长，上段坡面缓且较短，从地面上不易看到。芒萨尔式屋顶是法国文艺复兴时期建筑的典型元素，在19世纪的法兰西第二帝国建筑中也十分常见。

阿拉伯花窗（mashrabiya）
这是一种有精致木雕格栅的窗户或向外探出的封闭式阳台，自中世纪以来一直是传统阿拉伯建筑元素。阿拉伯花窗不仅能遮阳和促进通风，还能让室内的人隐蔽地观察室外。技艺高超的木匠采用鸠尾榫结构，以保证木板在极高温环境下有自然膨胀或收缩的空间。

梅斯蒂索风格（mestizo）
18—19世纪南美洲的西班牙殖民地的建筑风格，是巴洛克风格和当地建筑风格的融合。这一风格的标志性特征是运用凹切手法使建筑表面形成强烈的明暗对比。

槽间壁（metopes）
多立克式立柱的檐壁内三槽板之间的方形部分，通常有雕饰。

钟乳石檐口（muqarnas）
伊斯兰建筑中一种起过渡功能的装饰构件，可用在突角拱和穹顶之间。内凹的部分贴有精美的几何形瓷砖，已知的主要图案可按地区划分成三类。

内殿（naos）
见内室（cella）。

教堂前厅（narthex）
中世纪基督教堂入口处的部分（门廊）。拜占庭教堂中则有内门厅（esonarthex）和外门厅（exonarthex）两类，前者位于内殿和侧廊的起点处，后者位于外立面以外。两类前厅均有立柱、栏杆或墙体作明显隔断。

眼窗（oculus）
穹顶顶点处的圆形开口。

葱形拱（ogee arch）
一种两边呈S形弯曲的尖拱。

后殿（opisthodomos）
古希腊神庙中位于末端的空间，离主入口最远。

穹隅（pendentive）
圆形穹顶和方形或多边形基座之间起过渡作用的凹面三角形区域。

列柱围廊式神庙（peripteros）
一种古希腊或古罗马的神庙内殿，四面有连续的墙体围绕，墙外有等距排列的立柱形成柱廊。

主厅（piano nobile）
大型建筑的主要楼层，包含会客区域。主厅通常是整体抬高的一楼，层高比其他楼层的大。

桩柱（piloti）
将建筑架空的桩子、立柱或支撑物，使底层成为开阔连通的空间。勒·柯布西耶使桩柱盛行，但其根源在乡土建筑中。桩柱有许多变体，例如奥斯卡·尼迈耶的V形和W形桩柱。

夯土（pisé de terre）
一种古老且源自自然的建墙方式。夯土由土壤、白垩、石灰或沙砾等天然材料构成，有良好的隔热性能。

皮西塔克（pishtaq）
清真寺高大突出的门道或大门，用于增强建筑的宏伟气势。它们通常是嵌套在矩形框内的拱形门洞，通向伊万。

前殿（pronaos）
古希腊神庙中靠近入口的部分，是内殿前面的门廊结构。

停车门廊（porte-cochère）
建筑物入口处有遮蔽的门廊，供人上下车。停车门廊通常四面开敞，一条车道贯穿其中。

四马双轮战车（quadriga）
一种由四匹马并排牵引的双轮战车。

钢筋混凝土（reinforced concrete）
在混凝土中加入钢筋条或钢筋网，以增强其抗拉强度。

塞利奥窗（Serlian window）
一种三段式窗，中间较大，顶部为拱形，侧窗通常较小，为平顶。塞巴斯蒂亚诺·塞利奥在《建筑七书》（1537年）中记录了这样的设计，因此以他命名。由于安德烈亚·帕拉第奥在其建筑中的大量使用，此类窗户也被称为帕拉第奥窗。

烟囱通风（stack ventilation）
一种自然的通风方式，利用了室内热空气上升、冷空气下沉的烟囱效应。当热空气排出时，空间内形成负压，将室外的冷空气吸入，此过程不断循环，以达到通风的目的。这一通风系统在室内外温差大的地区十分实用。

窣堵波（stupa）
佛教中穹顶或蜂窝状的供奉用建筑。

教堂长凳（synthronon）
早期基督教教堂和拜占庭教堂中，位于后殿内或高座平台两旁的半圆形阶梯式长凳，供神职人员使用。

斜面–直面构造（talud-tablero/slope-and-panel）

一种前哥伦布时期的中部美洲建筑的风格，大多见于墨西哥特奥蒂瓦坎古城内的金字塔。斜面是向建筑中心倾斜的墙面，直面位于斜面之上且通常微微突出于斜面，形成一处平台。

榻榻米（tatami）

传统的日式地垫，由稻秆和灯心草构成。每块榻榻米的长宽比例固定为 2 ∶ 1，因此也产生了"叠"这个丈量房屋的面积单位，一块榻榻米为一叠。"一叠"的具体大小在不同的地区和时代可能不一样。

小教堂（tempietto）

一种小型的神庙式建筑，通常为圆形。

穹窿（tholos）

可指圆形建筑的穹顶、有穹顶的建筑本身或迈锡尼文明中的石砌叠涩尖顶陵墓。

木骨架（timber framing/post and beam）

一种将大型木材以木工的榫卯技艺连接的建造方式。木架之间的部分用石膏、砖、木板或成捆的秸秆填充。

梁柱结构（trabeated/post-and-lintel systEM）

一种基本的建筑结构，用两根垂直的柱体支撑横跨柱顶的水平横梁。

高侧廊层（triforium）

位于教堂内殿的连拱之上、天窗层之下的拱廊。

中央柱（trumeau）

基督教教堂梁柱结构的大门中央的直棂，通常用于支撑大门顶部半圆形的山花内饰面。

山花内饰面（tympanum）

门道上方连接过梁和拱券的半圆形或三角形区域，通常饰有浮雕。

交叉支撑（X-brace）

交叉支撑将建筑物的横向载荷转移到外立面，从而减少内部的横向载荷。工程师法兹勒·汗创造了这一结构，并应用在芝加哥约翰·汉考克中心（1970 年）的设计中。大楼使用了铰链式柔性 X 形框架，并以外部的对角线支撑加固。这种方式增加了大楼的高度且降低了总用钢量，彻底改变了摩天大楼的未来。

闺房（zenana）

伊斯兰建筑中女性专用的房间、套间或区域，它们可以是皇宫中极为奢华的房间，也可是房间中隔断开的区域。

索 引

玛格丽特·弗莱彻毕业于哈佛大学设计研究生院，在奥本大学担任建筑学副教授、建筑学课程副主席，并获得安和贝蒂·格雷沙姆教授职位。在与麦克·斯科金与梅里尔·伊拉姆建筑事务所的设计合作中，弗莱彻参与的项目获得了超过 12 个美国建筑师协会（AIA）的奖项，其中包括 3 个国家优秀奖。她被《建筑智慧》杂志评为 2019—2020 年度美国 30 位最受尊敬的建筑教育家之一。

罗比·波利是一名具有超过 25 年经验的建筑插画师，从英国皇家艺术学院毕业后，他参与了英国和其他国家的一些主要建筑项目，包括新大英图书馆和里斯本世博会。同时他也使用铅笔、墨水、水彩以及 Photoshop 进行创作，他的作品出现于许多 DK Eyewitness 的旅游指南和《建筑内外》（2018 年）等 30 多本书籍中。

本书中文简体版版权归属于银杏树下（上海）图书有限责任公司
著作权合同登记号：图字18-2023-095
未经许可，不得以任何方式复制或者抄袭本书部分或全部内容
版权所有，侵权必究

图书在版编目（CIP）数据

建筑风格 /（美）玛格丽特·弗莱彻著；（英）罗比·
波利绘；王心玥译 . -- 长沙：湖南美术出版社，2023.12
　　ISBN 978-7-5746-0217-5

　　Ⅰ.①建… Ⅱ.①玛… ②罗… ③王… Ⅲ.①建筑风格
－研究 Ⅳ.① TU-86

　　中国国家版本馆 CIP 数据核字 (2023) 第 187138 号

JIANZHU FENGGE
建筑风格

出 版 人：黄　啸
著　　者：［美］玛格丽特·弗莱彻　　　　　绘　　者：［英］罗比·波利
译　　者：王心玥　　　　　　　　　　　　选题策划：后浪出版公司
出版统筹：吴兴元　　　　　　　　　　　　编辑统筹：蒋天飞
特约编辑：王凌霄　　　　　　　　　　　　责任编辑：王管坤
营销推广：ONEBOOK　　　　　　　　　　　封面设计：张　萌
装帧制造：墨白空间　　　　　　　　　　　内文制作：李会影
出版发行：湖南美术出版社（长沙市东二环一段 622 号）
　　　　　后浪出版公司
印　　刷：北京利丰雅高长城印刷有限公司
开　　本：720 毫米 ×1000 毫米　　1/16　　　字　　数：209 千字
印　　张：18.25　　　　　　　　　　　　　版　　次：2023 年 12 月第 1 版
定　　价：118.00 元　　　　　　　　　　　印　　次：2023 年 12 月第 1 次印刷

读者服务：reader@hinabook.com 188-1142-1266　　投稿服务：onebook@hinabook.com 133-6631-2326
直销服务：buy@hinabook.com 133-6657-3072　　　网上订购：https://hinabook.tmall.com/（天猫官方直营店）

后浪出版咨询 (北京) 有限责任公司
投诉信箱：editor@hinabook.com　fawu@hinabook.com
本书若有印装质量问题，请与本公司联系调换，电话：010-64072833